—— 八闽茶韵 ——

坦洋工夫

福建省人民政府新闻办公室　编

编　著：李健民

海峡出版发行集团 | 福建科学技术出版社
THE STRAITS PUBLISHING & DISTRIBUTING GROUP | FUJIAN SCIENCE & TECHNOLOGY PUBLISHING HOUSE

图书在版编目（CIP）数据

坦洋工夫 / 福建省人民政府新闻办公室编；李健民编著. —福州：福建
科学技术出版社，2019.6（2022.10重印）
（"八闽茶韵"丛书）
ISBN 978-7-5335-5722-5

Ⅰ.①坦… Ⅱ.①福… ②李… Ⅲ.①红茶-介绍-福安Ⅳ.① TS272.5

中国版本图书馆CIP数据核字（2018）第243483号

书　　名	坦洋工夫
	"八闽茶韵"丛书
编　　者	福建省人民政府新闻办公室
编　　著	李健民
出版发行	福建科学技术出版社
社　　址	福州市东水路76号（邮编350001）
网　　址	www.fjstp.com
经　　销	福建新华发行（集团）有限责任公司
印　　刷	福建新华联合印务集团有限公司
开　　本	700毫米×1000毫米　1/16
印　　张	11
图　　文	176码
版　　次	2019年6月第1版
印　　次	2022年10月第2次印刷
书　　号	ISBN 978-7-5335-5722-5
定　　价	48.00元

书中如有印装质量问题，可直接向本社调换

序　言

梁建勇

"八闽茶韵"丛书即将出版发行。以茶文化为媒，传承优秀传统文化，促进对外交流，很有意义。

福建是中国茶叶的重要发祥地和主产区之一。好山好水出好茶，八闽山水钟灵毓秀，孕育了独树一帜福建佳茗。早在 1600 年前，福建就有了产茶的文字记载。北宋时，福建的北苑贡茶名冠天下，斗茶之风风靡全国，催生了蔡襄的《茶录》等多部茶学名作，王安石、苏辙、陆游、李清照、朱熹等诗词名家在品鉴闽茶之后，留下了诸多不朽名篇。元朝时，武夷山九曲溪畔的皇家御茶园盛极一时，遗址至今犹在。明清时，福建人民首创乌龙茶、红茶、白茶、茉莉花茶，丰富了茶叶品类。千百年来，福建的茶人、茶叶、茶艺、茶风、茶具、茶俗，积淀了深厚的茶文化底蕴，在中国乃至世界茶叶发展史上都具有重要的历史地位和文化价值。

茶叶是文化的重要载体，也是联结中外、沟通世界的桥梁。自宋元以来，福建茶叶就从这里出发，沿着古代丝绸之路、"万里茶道"等，远销亚欧，走向世界，成为与丝绸、瓷器齐名的"中国符号"，成为传播中国文化、促进中外交流的重要使者。

当前，福建正在更高起点上推动新时代改革开放再出发，"八闽茶韵"丛书的出版正当其时。丛书共12册，涵盖了福建茶叶的主要品类，引用了丰富的历史资料，展示了闽茶的制作技艺、品鉴要领、典故传说和历史文化，记载了闽茶走向世界、沟通中外的千年佳话。希望这套丛书的出版，能让海内外更多朋友感受到闽茶文化韵传千载的独特魅力，也期待能有更多展示福建优秀传统文化的精品佳作问世，更好地讲述中国故事、福建故事，助推海上丝绸之路核心区和"一带一路"建设。

2019年2月

目　录

一

白云山下的茗山秀水

—

世界地质公园白云山以其伟岸的身姿雄踞在海峡西岸的东北翼。从地图上看，这里几乎就是闽东的地理中心。站在白云山主峰，举目四望，茫茫苍苍，云海翻腾；朝山下俯瞰，青山连绵，碧水蜿蜒，田园锦绣，村落点点。这就是历史名茶坦洋工夫的发源地、"中国茶叶之乡""中国红茶之都"——福安。

福安还是"中国中小电机之都""中国民间船舶修造基地""中国按摩保健器具生产／出口基地""中国茶油之乡""中国南方葡萄之乡""中国绿竹之乡"，是"全国科技工作先进市""全国体育先进市"，是海峡西岸经济区东北翼的水陆交通枢纽、闽浙赣内陆地区的重要疏港通道，是东南沿海冶金新材料千亿产业集群地。近代以来，福安一直是闽东北地区发展最好的县级行政区域之一。

（一）地理交通

自然地理

福安于宋淳祐五年（1245）建县，1989年撤县建市。东面是柘荣、霞浦两县，北面是寿宁县，西面是周宁县和蕉城区。长溪流贯全境注入三沙湾。总面积1880.1平方千米，占闽东9个县市区总面积的14.6%。总人口68万人，约占宁德市的20%，为闽东之冠；其中畲族人口7万多人，是我国畲族人口最多的县级行政区。辖18个乡镇（其中3个畲族乡）和4个城区街道，设有2个省级经济开发区。

白云山云海（丁立凡 摄）

　　这里地处鹫峰山脉、太姥山脉和洞宫山脉之间，总体地势由北向南倾斜。东、西、北三面环山，南面临海；中部长溪纵贯南北，沿长溪干流两岸为平原和丘陵，向两侧依次为丘陵、低山、中山，呈阶梯状分布，形成向南开口、南北走向的狭长谷地。全市海拔1000米以上的山峰有31座，白云山海拔1450.2米，为福安之最高峰，史志上称之为"闽东第一山"。有甘棠洋、溪柄洋、柏柱洋、湾坞洋、溪北洋等5个小平原和盆地，其中甘棠洋面积约3000公顷（4万多亩，1亩＝1/15公顷，全书同），是"闽东第一洋"。

　　"好山好水出好茶。"福安地貌大致可划分为山地、丘陵、山间盆地、平原和海域五大类型，以中低山和丘陵为主。海拔500米以上的山地和30米以上的丘陵约占全市总面积的81%，属亚热带的红壤和黄壤带，土层深厚、腐殖质多、略偏酸性；其中海拔 500 米以下、相对高度 200 米以下、坡度小于 25 度的丘陵占全市总面积的 24.38%。这些自然条件十分适合茶树的生长。

福安大地环山抱海，溪流纵横，群山叠翠，气候温润。来自东南海面的水汽上升，凝成茫茫云雾，滋润着这里大片的茶山、茶园。这里属中亚热带海洋性季风气候，温和多湿，四季分明，光照充足，雨量充沛，无霜期长，长年朝雾夕岚。优越的气候为名茶形成创造了条件。

但是，对于茶产业来说，光有这些是远远不够的。就茶叶工贸而言，交通物流条件就显得更为重要。

云雾山中出好茶（福安市茶业局提供）

世界地质公园白云山的
石臼景观

陆路交通

南宋以后，闽东的陆路交通设施有了进一步的发展，到明清时代，陆路交通进一步完善。康乾时代（17 世纪中叶至 18 世纪后期），福安县在原有的基础上进一步完善了以韩阳城为中心、以主要官路为干线的交通网络。当时主要的官路干线大致可分为东西南北 4 路。

东路：经詹洋、仙岭、千诗亭往霞浦县黄柏（今属柘荣县）；经秦溪、中村、林洋，往霞浦县宅中（今属柘荣县）；经化蛟、合掌岭、东坑、茜洋、横坑，往霞浦县柏洋；或经东坑、松罗、南溪，往霞浦县凤阳；或经松罗、赤溪、溪尾，往霞浦县盐田。

西路：经铜岩、下逢、穆阳、渡头、石尖、牛岭尾，往宁德县七步（今属周宁县）；经穆阳、溪塔、玉林、南溪、晓阳，向北往寿宁县凤阳，或向西往宁德县纯池（今属周宁县）；经马山、城山、溪填、磻溪、芹洋，往宁德县杉洋（今属周宁县玛坑）；经溪填、洪口、西隐、可洋，往宁德县赤溪（今属蕉城区）。

南路：经白沙、罗家巷、大留、上塘、湄洋，往宁德县闽坑；或经罗家巷、甘棠、藤头、黄崎、衡阳、大获往宁德县八都（今属蕉城区）；或由水路沿长溪抵下白石，出白马门往宁德县塔山、贵岐、飞鸾（今属蕉城区）。

北路：经龙潭、东口、沙溪、龟龄、社口往寿宁县武曲；另一路由东口经潭头、棠濑（棠溪）、太逢、坑口往寿宁县竹管垅、南阳；另一路由潭头、建柄、上白石、不老、范坑、洋山、蛇头、八斗，或由不老经墩头、上坪、八斗，或由不老经沙坑入霞浦县何家山（今属柘荣县），往浙江省泰顺县。

以上陆路交通维系着福安与周边难行舟楫的内陆省县的联系，域内则串联起各主要村镇和集市，并且与水路码头相汇，实现了内陆山区各村落与城镇、商埠之间的物资流通。晚清时的福安，茶业大盛，以上所列的村镇皆为茶区，每当茶季，各茶庄所产茶品由"担担哥"（挑夫）挑运到水路码头，转为水运，行销境外。

长溪水运

福安全境属长溪水系，占据了这条闽东第一大河的主要部分。长溪全长171千米，总长868千米，流域面积5638平方千米。长溪的源头在浙江省，出海口在福建省福安市。

上游是两条分别称做东溪和西溪的支源。东溪发源于浙江泰顺，西溪发源于浙江庆元；东溪长94千米，西溪长103千米。两条山溪入福安境后东溪流经范坑、上白石、潭头，西溪流经社口、城阳、坂中，

长溪入海

两溪在湖塘坂交汇，向南奔流。

从湖塘坂到赛岐三江口这一段叫交溪，又叫富春溪，是长溪的中游。流经坂中、韩阳、城阳、溪柄、赛岐等乡镇，其中经过阳头这段又称环溪。这一段溪流有 36 千米，河床开阔，水势和缓。交溪在溪柄宸山汇合了源于柘荣县的茜洋溪。

长溪的下游是赛江，也叫白马港（旧时习惯上称上游为赛江，下游为白马港或白马江、白马河）。从赛岐三江口开始一直到下白石的白马门，共 32 千米，流经赛岐、甘棠、湾坞、下白石等乡镇。三江之一的穆阳溪是长溪最大的支流，其干流源出政和县镇前，进入福安境后流经康厝、穆云、穆阳、溪潭、赛岐等乡镇，在廉首与交溪合流。合流之后，水势浩荡，直奔大海。农耕时代赛江是闽东

北内陆与外界交通的黄金水道。

福安一邑，因得长溪之利，旧时内河运输十分发达。从唐李吉甫的《元和郡县图志》始，关于长溪水路的记述就不绝于史。

现存最早的编修于明万历二十五年（1597）的《福安县志》称："福安闽头浙尾，四固之地。陆行非重冈叠嶂，则傍水临崖；舟行非曲流百折，则长江一望。"

清光绪《福安乡土志》载："各溪行船。试自白马江溯流而上，东溪至沙坑止；西溪至斜滩止，平溪（即交溪、富春溪——引者注，下同）与东西溪同。大梅溪（即茜洋溪）至宸山止，由猪姆潭上至秤阳（茜洋）皆行筏。廉溪（即穆阳溪）至苏堤止（原注：由苏堤而下则可至穆洋，上则可至青草渡）唯下房（下逢）一水，船不可

长溪上游东溪

长溪中游富春溪

行耳。"记述了清代福安长溪主流和各支流，只要稍微开阔一些的河道，皆可行船。

　　旧时长溪两岸的内陆各地，无论是物资运输还是人员往来，都离不开长溪水道。民国时代，长溪水道有 46 千米可通航小汽船，有 136 千米可通航民船。

　　密布的溪河，在农耕时代是溪船的用武之地。水陆两便的交通运输，为福安的茶业发展提供了必要的物流条件。

（二）千年茶薮

茶自隋始

　　福安的茶史起于何时，迄今无法确知。1972 年在福安溪潭镇溪北村发现了一处隋代墓葬，券顶砖上刻有"大业三年"（607）字样，墓中出土的随葬品中有 3 件青釉茶托杯；2006 年在坂中畲族乡步兜山村又发现了一处大致相同的墓葬，说明福安市至迟在隋朝就开始饮茶了，迄今有 1400 年以上的历史。

综合有关史料推知，唐代福安生产的茶品为蒸青饼茶和蒸青紧压团茶。唐以前的品茶之俗主要是将茶叶碾成细末，加上油膏、米粉之类的东西制成茶团、茶饼，和着葱、姜、橘皮、薄荷、枣、盐等调料烹煮食用或汤饮。福安方言称烧开水为"烹茶"，称饮茶为"食茶"，当是唐人茶俗在语言和习俗上的遗存。

宋代福安，品饮茶叶的方式发生了改变，出现了点茶法。此法日益盛行，于是出现了比赛点茶技艺的"斗茶"。1986 年在福安赛岐镇苏阳村先后出土了 2 块专供斗茶用的建窑黑釉兔毫盏片，说明宋代福安人已有用点茶法品饮茶叶的习俗。点茶之俗后来还写到志

步兜山村隋墓出土的青釉托杯（福安市博物馆提供）

福安茶园

书里。明万历《福安县志》载："七夕，乞巧。是日俗以桃仁、米糕点茶。"

南宋时期，福安的文人雅士为我们留下了许多脍炙人口的茶诗佳句。其中有谢钥（爱国诗人谢翱之父）的"入夜茶瓯苦上眉，眼花推落石床棋"（《玩月有感》）；知州周牧的"烹茶汲水盈瓯雪，一味清霜齿颊涵"（《资圣寺诗》）等。这些茶诗开启了后代福安茶文学的先河。

元明清茶事

元代以后，品饮茶叶的方式有了进一步的改进，并且出现了泡茶，用开水直接冲泡饮用。饮茶习俗的革新激发了社会对茶叶的大量需求，闽东凭着优越的自然地理条件，成了茶叶的理想家园。从此茶叶成为重要的经济作物，在社会民生中占有很大的比重。明万历三十六年（1608）闽中才子长乐人谢肇淛游历闽东后写道："环长溪百里，诸山皆产茗，山丁僧俗半衣食焉。"（《长溪琐语》）

山民的基本生活一半都依赖茶叶，也折射出当时茶叶作为交换商品对民生的意义。

明代福安茶被列为贡茶。据明嘉靖《福宁州志》卷之三记载，福安县常贡芽茶67斤8两，叶茶50斤9两。明末，天主教传入闽东，福安成为福建和闽东天主教的中心。常年有多名外国传教士在福安城乡进行传教活动，他们中有法国人、意大利人、西班牙人等。这些人应该是最早领略到福安茶文化的外国人。

清代，茶叶的种植已经遍及整个闽东，而且出现了名茶的产区。乾隆二十七年（1762）编修的《福宁府志》称："茶，郡治俱有。佳者福鼎白琳、福安松罗，以宁德支提为最。"

到乾隆中期（18世纪中期），福安的商品经济进一步繁荣，境内出现了一批作为区域商品经济中心的市镇。除了韩阳、察阳（阳头）、黄崎、富溪津（廉村）和穆阳这些"老市镇"外，还有白沙、溪柄、社口、潭头、沙坑、甘棠、苏阳等新兴市镇。这些市镇都设有码头，都倚仗便捷的长溪水运带来的巨大的物流好处，于是出现了早期的商人。他们从上述各市镇码头将土特产品船运舶载，出白马门后，或北上温州、宁波，或南下省城福州，转手之后再采购回家乡需求的商品。商品经济的不断发展，福安商人形成商帮。为了保护共同的利益，并在省城有个落脚之地，乾隆时福安商帮就在福州南台惠泽境设立了最早的福安会馆。福安商人经营的出口商品除油、糖、薪、炭等土产外，还有就是茶叶。

但是，这时我国尚未与"泰西诸国通商"，国家规定闽茶是不能自由买卖的，必须是外地茶商到境，向经过关口纳税后才可外贩。嘉庆二十二年（1817）清政府还专门下令：闽、皖、浙三省"茶商

穆云畲族乡高岭村深山的老茶树　　东溪深山的野茶树（春润农业提供）

古丛新芽（春润
农业提供）

仍由内河行走，永禁出洋贩运，违者治罪、茶入官。"（《清史稿·食货志·茶法》）福安商人也只能间接经营茶叶。而且这一时期的茶商主要来往于福温二州，远一点也不过是宁波、上海、天津，基本上是为了"内需"。

由于文献资料的匮缺，总体来说，我们对早期福安茶史的认识还比较模糊。

（三）"茗"扬四方

近代茶业

五大口岸开放之前，闽东的茶叶品种主要是炒青绿茶，茶叶贸易主要是为国内需求。19世纪中叶坦洋工夫红茶走红后，福安茶业发生了前所未有的深刻变化。由于闽红（福建红茶）主要用于外销，坦洋工夫受到国外茶人的青睐，获利甚巨，对地方的社会经济也产生很大的影响。与此同时，以坦洋工夫为代表的"北路茶"（闽东内陆茶）成为主要的出口物资，与当时的资本主义世界发生了最早的互动，成为国际市场的一个组成部分。闽东（福安）因此也有了真正意义上的商人（工商业者）。

同治元年（1862），基督教（耶稣教）安立甘宗（圣公会）传入古田，不久又传入宁德、霞浦、福安等地。传教的外国基督教牧师和传道士主要来自英格兰和爱尔兰，这些盎格鲁·撒克逊人都有喝红茶的偏好，对工夫红茶的推介起到积极作用。

除了红茶，闽东其他茶类也毫不逊色。坦洋村除了主要生产红茶外，还少量加工来自闽北或闽东其他县的乌龙茶和白茶。由于国际市场的激烈竞争，闽东红茶于 19 世纪 80 年代后一度跌入低谷。

19 世纪末，三都澳开埠之后对北路茶的外销起了很好的促进作用。但是好景不长，不久欧洲战事爆发，茶叶的国际贸易受到很大影响，闽红再次跌入低谷。此后闽红在国际市场上一直低迷，直到 1922 年，闽红的国际贸易开始逐渐恢复，以坦洋工夫领军的闽红工夫茶第三次崛起，并且进入盛期。

民国时期，福安、宁德、霞浦、福鼎、柘洋、寿宁、周墩（周宁）、屏南等 8 个县区属福建北路茶区。福安茶叶无论是种植面积还是成品产量，都在八闽大地独领风骚，而且还是福建省茶业科研和教育的中心。福安的重点产茶村遍布全县各区，产量最多首推西溪区（相当于今之社口、晓阳 2 镇），其次为穆阳区（相当于今之穆阳、穆云、康厝 3 乡镇）和韩阳区（相当于今之城阳、坂中 2 乡镇）。

抗日战争初期，国民政府对茶叶实行统制统销，鼓励多生产优质茶品，广拓国

———
溪东村的天主堂是闽东第一堂，始设于明末，现建筑为 1842 年重建

际贸易，换取外汇，支持抗战。但随着战争的不断扩大和升级，闽东茶第三次彻底坠入低谷。

茶业科教

1934 年，福安首创福建省茶科职业教育。这一年福安县立初级中学校长陈鸣銮将学校改制为茶科职业学校（简称"茶职校"），开设茶科，并辟有茶场，招收一年制茶科新生 35 名，培养茶业人才。

第二年，福安县立茶科职业学校由省教育厅接管，学校更名为"福建省立福安初级农业职业学校"（简称"农职校"或"安农"），张天福任校长。这是全国最早设置茶叶专业的职业学校。学校开设普通学科和职业学科课程。前者主要是中等教育必修的文化课程，后者主要是与茶叶种植、制作、产销密切相关的实用职业技术课程。学校辟有茶园，设有制造工场、茶业研究室等；张天福为"安农"题写校训"实事求是，身体力行"，要求学生实事求是地开展科学研究，身体力行地开展实践活动。首届毕业生 34 名，后来都成为省内外的茶界精英。

1935 年，福建省建设厅福安茶业改良场创办，张天福兼任场主任。福安农业职业学校和福安茶业改良场二者互为补充，理论与实践相结合，教学与

张天福在宁德职业技术学院指导工作（宁德职院提供）

———
福安茶叶改良场办公楼建于 1935 年

科研相辅行，这在当时的中国并不多见。我国当代茶界名人李联标、庄晚芳都曾在校、场工作过，"安农"首届毕业生、"战后台茶之父"吴振铎曾在母校任教务主任。因此，农职校和改良场成为孕育中国茶界英才的渊薮。

改良场试验项目分栽培和制造两类。栽培方面有茶树品种、施肥、扦插、压条、茶籽采收贮藏、台刈、茶树栽植方式、茉莉防冬等，制造方面有茶叶采摘与制茶品质、发酵时间等。科学实验工作先后得到李联标、童衣云、庄灿彰、庄晚芳等茶界精英的襄助。

茶叶栽培试验在社口附近茶园进行，主要进行双列式条植试验。制造方面最显著的成绩是引进机械制茶。1936 年，张天福从日本购进全套红茶机械制造设备，于 1937 年在茶业改良场投入生产。

福安茶业改良场是福建省最早的茶叶科研机构，与福安农校"二元一体"，优势互补，开创了福建省茶叶教育与科研相结合之先河。

　　此后数十年，福安农职校几经变迁，数易其名，其"血脉"延续至今。1947 年改为福建省立福安高级农业职业学校（简称"高农"），1953 年改名福建省福安农业学校，1975 年改名宁德地区农业学校，2005 年合并到新组建的"宁德职业技术学院"，院址仍设在福安城区。茶业改良场也历经沧桑，1961 年定名"福建省农业科学院茶叶研究所"（简称"福建省茶科所"），1966—1975 年间多次变更名称，1975 年恢复今名，地址仍设福安社口。

省立福安高农部分师生合影，1947 年（福安市档案馆提供）

今日福建省茶科所外景

科教援外

茶科教育和茶业科研在福安有着优良的传统。中华人民共和国成立以后，这一传统得到继承与发扬，福安县依然是全省茶业教育和科研的中心。

20世纪60年代，我国为帮助一些亚非国家发展茶业，多次派出专家援外，其中就有福安的茶业专家。福安茶界科研人才辈出，德艺双馨，为国家做出了贡献。

林桂镗（1925—1996），曾任福建省农科院茶科所所长，在茶叶栽培方面有很高的造诣。1961年12月，中国政府应马里共和国政府之邀，派出以林桂镗为组长的茶业专家组赴马里帮助发展茶叶生产。专家组带去福安坦洋菜茶和浙江鸠坑大叶种的茶籽到马里试种成功，培育出适合当地的茶叶新品种，并制出绿茶（炒绿），为纪念中马友好，命名为"49—60茶"（马里共和国1960年独立）。林桂镗得到马里共和国总统的嘉奖和周恩来总理的接见，获国家农业部特等奖奖励。

郭元超（1925—2001），茶业专家，曾任福建省农科院茶科所茶树栽培育种室主任、副所长，是我国茶叶品种重要科学试验项目的领衔者和实践者，共有11个研究项目分别

郭元超（左1）、李敏泉（中）等茶叶专家在苏联（李彦晨提供）

获得国家、全省科学技术成果奖。其中获全国科技大会奖的福云6号、福云7号在福建、广西等5省推广了100多万亩。1963年3—12月，受国家农业部派遣前往缅甸考察茶果生产。

1962年，坦洋菜茶品种在马里、肯尼亚等国试种成功，并大面积扩种。

1965年3月，受农业部派遣，我国茶业专家郭元超（省茶科所）、李敏泉（福安茶厂）、李观味（福鼎县国营翁江茶场）再赴马里援助种茶。经前后5年的努力，为马里共和国建成了第一个茶园——巴兰古尼茶园，还为马里筹建国家茶场，进行勘察设计和茶叶科技人才的技术培训。

1966年10月至1968年2月，农业部再次派遣林桂镗带领由林德恩（福安农校）、陈福森（省茶科所）、黄宝鉴（福安茶厂）组成的专家组援外，先后两次前往阿富汗帮助种茶。

现代茶业

中华人民共和国成立以后，茶叶作为传统的主要出口物资和重要的经济作物受到国家的重视。各级政府积极组织茶农对旧茶园进行垦复、改造，大力推广茶树优良品种，闽东茶业很快复苏，并且得到较大的发展。这一时期国营福安茶厂一家独大，坦洋工夫仍在继续生产，并且创造了许多光辉的业绩。

20世纪60年代以后，由于国际环境的变化，福安的茶叶生产不得不由"红"改"绿"，主要生产绿茶和由绿茶再加工的花香茶。尽管此时的福安茶叶在全省、全国依然保持着传统的领先地位，福安茶人多次在国内国际的高端赛会上捧回了奖牌、金杯，但是只要一提起坦洋工夫，福安茶人心中总有一种挥之不去的惆怅。

进入 21 世纪后，福安人民开始了新一轮创业。在继续做强做大电机电器制造和船舶修造这两大支柱产业的同时，着力打造以历史名茶坦洋工夫为龙头的茶产业，使之成为地方经济的又一主导产业。

国有农垦茶场在茶叶生产技术推广中发挥了示范带动作用。福安全市共有三个国有农垦茶场，其中，王家茶场创办于 1958 年，位于海拔 650 米左右的松罗乡王家村，面积 1800 亩。曾建立三园（丰产园、试验园和良种园），推广"三改一补"低产茶园改造经验与"五采五养"采摘技术。创造单产超千公斤纪录。坦洋茶场创办于 1958 年，位于社口镇坦洋村，茶园面积 1200 多亩，原名"八一茶场"，1963 年改名国营社口茶场；1978 年为了恢复"坦洋工夫"红茶生产，又改名国营坦洋茶场。这里为福建省外贸品种坦洋工夫生产基地。坦洋工夫产品在国内外重大茶事活动中屡获"茶王"称号。高坂茶

王家茶场基地

场创办于 1959 年，现有茶园面积 2350 亩，场内设有福建省茶树优异种质资源坦洋菜茶保护区。

2001 年 8 月，福安市获国家林业局授予的"中国茶叶之乡"称号。对福安来说，这个称号的内涵十分丰富。

福安市是中国第二大茶叶主产县市和福建省红茶、绿茶、花茶主产区，拥有茶园 30 万亩，茶叶年产量 2.8 万吨、年出口量 4000 多吨，是全国第一批创建无公害茶叶生产示范基地市、全国第一个著名的茶树种质资源库、全国最大的茶树良种繁育基地和全国绿色食品原料标准化生产基地市。

福安的茶树品种极为丰富，堪称茶树的"品种王国"。自 20世纪 50 年代以来，已经培育了国家和省级的优良茶种十余种，如国优良种福安大白茶和地方良种岭路大白茶、孟洋菜茶、林家早茶等都发源于此。设在福安社口的省茶科所在这里选育出福云 6 号、

有机茶园（福建隽永天香茶业提供）

有机茶基地（福建隽永天香茶业提供）

福云 7 号、福云 10 号、悦茗香、黄奇、黄观音、金观音（茗科 1 号）
等 7 个国家级良种；福云 595、朝阳、丹桂、九龙袍、春兰、瑞香、
金牡丹、早春毫、福云 20 号、黄玫瑰、紫玫瑰、紫牡丹等 12 个省
级良种，在省内外茶区推广 100 万亩均表现良好品质。全市有国家
和省级茶树良种 40 多个，推广高香型新优茶种 5.4 万亩，生态茶园
1 万多亩；新优品种苗圃 1500 亩，年育茶苗 2 亿多株。

福安还是中国茶类最丰富的地区之一。有红茶、绿茶、乌龙茶、
白茶，还有再加工的茉莉花茶、工艺花茶、保健茶、茶食品等。

福安还是中国涉茶人口最多的地区之一。涉茶人口达 40 多万，占全市总人口的 2/3。这里的每一个乡镇都是茶区，每到茶季时节，满眼葱茏，茶香扑鼻。

福安还是中国茶科教育和茶叶科研力量最雄厚的地区之一。从上世纪 30 年代开始至今，80 多年来福安的茶业教育和茶叶科研一脉相承、薪尽火传。中国茶界的许多顶级精英都与福安结下了不解之缘，其中有中国茶界泰斗张天福，有茶科教育家庄晚芳，有茶学大师李联标等。

福安还是中国茶叶企业和茶叶经销商最多的地区之一。全市现有工商登记茶企业 600 多家，茶叶经销商达 3 万多人，遍布中国的东西南北中。

福安茶叶还是海峡两岸和平友好的使者。被称为"台茶之父"的吴振铎是地道的福安乡亲，改革开放以后，他是重启两岸茶界交流第一人。

2008 年，坦洋工夫获"国家地理标志证明商标"，之后又获"中国驰名商标""国家地理标志产品保护"等荣誉称号；福安市还荣获"全国重点产茶县""全国十大生态产茶县"等称号。

2013 年，在第二届中国品牌年会上福安市获"品牌金博奖·东方茶文化魅力城市大奖"，福安坦洋工夫红茶获"品牌金博奖·东方名茶大奖"。

2015 年，坦洋工夫作为中国唯一茶品牌荣膺 2015 年米兰世博会中国馆"全球合作伙伴"和"指定用茶"，开启崭新的征程。

2018 年 3 月，中国茶叶流通协会命名福安市为"中国红茶之都"。

二

坦洋茶乡的不老记忆

—

坦洋村位于白云山的北麓。这里是福安市社口镇的西部，是历史名茶坦洋工夫的发祥地，是一个秀美的地方：三面环山，中流一水，风光旖旎，秀色迷人；村前廊桥飞架，村后桂树飘香；环村松苍杉翠、茶园起伏，一年四季都是郁郁葱葱。

19世纪中叶，坦洋村在中国茶文化的历史上写下了浓重的一笔，曾有"小武夷"的美誉；改革开放后，这里再次勃发出盎然生机，20世纪80年代获"省级明星村"称号；进入新世纪以后，坦洋再创辉煌，先后被福建省人民政府公布为"省级历史文化名村"和"生态文化村"；2019年1月被住房和城乡建设部、国家文物局公布为"中国历史文化名村"。

坦洋村就这样不断地刷新闽海茶都的不老记忆。

（一）村名形胜

村名变迁

坦洋是长溪上游西溪流域的一部分，位于福安西北的白云山麓，明清时期属福安乡平溪里九都，今属社口镇。

一条小山溪从村中流过，注入西溪。在未通公路之前，这里的交通主要依靠水运。小溪船可以很方便地从坦洋溪进入西溪，然后就进入长溪干流，一路顺流南下，直抵下游的赛岐码头，朝发夕至。

根据民间文献的记载，"坦洋"村名出现之前，该地曾名"竹坂里", 可能是盛产竹子的缘故; 又由于山上"多桂, 每秋间花开盛时, 香闻数里", 所以号"桂香山"。可见"竹坂里"和"桂香山"是这里最早的地名。坦洋朱氏族谱的一篇《坦洋山水记》直言: "夫其乡, 原竹坂里, 号桂香……桂香山, 吾乡之旧里名也。"

直到 1762 年, "坦洋"村名才正式出现在官修的《福宁府志》上, 民间族谱则写作"坦场", 称这里"中开一坞, 坦坦平平"。可见坦洋村的得名是由于它的地理特征, 这里离不开一个"坦"字。

福安民间则称坦洋村为"板洋", 至今如此。早期闽海关的年度贸易报告中关于茶货的记录也是这样, 将俗称作为产地名登记,

坦洋山水图（古画）

春暖茶乡（荷农画）

我们在下文有关茶史的叙述中会多次看到这样的记录。毫无疑问，"板"是"坦"和"平"的形象化说法。

坦洋风光

坦洋历来有"十景"或"十二景"之说。这些说法都记载在当地各大姓的宗谱之中，内容和名称大同小异。

"坦洋十景"：桂岩秋月、蒙井冬温、文笔耀奎、石鲸跋浪、龙口喷珠、茑藤流唪、三仙隐洞、九蟾饮川、石门晓烟、钲鼓晴雾。

"十二景"即在十景的基础上再加村口的"双虹绚彩"和"三水合流"二景。

清代的文人墨客留下许多诗词歌赋描绘坦洋的美景风光，还记述了这里当年的工商盛况。

《坦洋十二景赋》："高峰耸翠，插文笔而凌汉巍巍；夹水飞虹，跨双桥而履道坦坦。夫其乡原竹坂里，号桂香。利觅锱铢，各方云集；景十二，本地风光。……虽为下里，自是名乡。榷税之征输于中夏，商贾之利施及西洋。"

《坦洋记》："泉甘土肥，草木畅茂；群峰环列，一水中流；崇山峻岭，茂林修竹；中开一坞，坦坦平平。胡、施、黄、朱诸氏居之。山明水秀，地灵人杰；耕斯读斯，跄跄济济，工兮商兮，攘攘熙熙。"

编修于清光绪十年(1884)的《福安县志》收录了一篇《桂香山记》(作者郭尚宾，坦洋人，举人)，中有"至坦洋，四山排闼，一水中流。鸡犬相闻，阛阓茂盛。产茶美且多，有武夷之风，外邦称为'小武夷'是也"之句，写出了当年坦洋茶业经济的繁盛和坦洋红茶在国际市场的影响力。

坦洋村的古茶路

坦洋茶路

坦洋茶叶工贸的兴盛除了历史契机和茶人的主观努力外，与坦洋的自然与交通条件有着极大的关系。

陆路　在没有公路和汽车的时代，"官道"是陆路的主要交通设施。那时有四条古官道在此交会：东连社口，西接路下、晓阳和寿宁之凤阳、官田，北通寿宁之武曲，南路可直驱县城韩阳。最重要的是西路官道，坦洋人称之为"大王冈路"。这条官路经寿宁县的官田，与周墩（周宁，旧属宁德县）之豪洋、纯池相接，直驱闽北的政和县地。旧时周边县乡茶区生产的毛青茶主要经由陆路，靠人力肩挑到坦洋精制加工为工夫茶，再运送外洋。

溪路　旧时长溪水系的内河运输十分发达，各主要溪河皆可行船，沿溪各村均有码头。坦洋村中流一水，直奔溪口与西溪相合。旧时1吨位左右的小溪船可直接进出坦洋码头，坦洋各茶庄的茶品可先期用船运到社口的溪口村，再从这里沿长溪干流顺流而下，直抵赛岐码头，过驳出洋。

海路 坦洋工夫的茶源地分布广阔，除福安县外还包括柘荣（柘洋，旧属霞浦县）、寿宁、周墩、霞浦西部和屏南北部等地。这些地方的红毛茶（初制茶）由陆路运抵坦洋精制，再从坦洋由溪路汇集赛岐码头，过黄崎港（白马港），经三都澳，出东冲口，抵福州口岸，最后从海路出洋。

坦洋溪水汇入长溪干流出海

（二）文化茶村

族姓人丁

人是文化的载体。已知第一批次到坦洋迁居的有黄、朱、胡、施四个族姓。综合诸姓族谱信息，可知坦洋的人文历史当从明万历年间（1573—1619）正式算起，迄今四百多年。

最早到坦洋定居的是黄氏。明万历年间，黄一潭率子自寿宁张广地移迁武曲，再由武曲迁福安九都坦洋发派。

接着是朱氏和胡氏。明天启年间（1621—1628），朱远三由江洋（位于坦洋东数里）始迁坦洋。明天启四年（1624）后，胡应才从寿宁印潭老坑举家迁坦洋。

不久，有施氏赵一、赵二兄弟于清顺治年间（1644—1662）从

坦洋村景

福安之长汀迁居坦洋，为坦洋施氏的肇迁始祖。

以上四姓中，事茶者仅胡、施两姓。

坦洋胡氏耕读为本，农商兼营。胡氏事茶的历史悠久，明末清初胡氏已在坦洋周边开辟了许多茶园，并培植出菜茶新种。施氏事茶时间主要始于咸丰以后。坦洋施、胡两家都是当时著名的茶商家族。

自从坦洋人试制工夫红茶取得成功以后，来坦洋做茶生意的家族络绎不绝。除原有的胡、施两姓之外，还有王、吴、郭、詹、李、俞、章、张等，他们对坦洋工夫红茶的发展都有过不俗的表现。但是论经营时间之长、规模之大、影响之广，当数胡、施、王、吴四大家族，而且他们都参与了坦洋工夫品牌的创建。

四大家族一荣俱荣，一损俱损；生意场上既相互竞争，又互帮互济。旧时婚姻讲究"门当户对"，茶商之间多结为姻亲，其中胡、施两家最为长久。王、吴两家的信义诚友旧时在福安是有口皆碑。清咸丰同治年间（1851—1874），王正卿和吴步云开始经营茶业，由于初涉江湖，实力有限，两家就合作经营，共创"祥生记"茶庄，并由此结下深厚友情。后来两家虽然分开经营，但情义不减。两人还在霞浦西胜营造"双合墓"，身后同葬一处，共守青山，成为一时佳话。

坦洋村强大的茶业经济磁场，吸引了众多外来人口迁入，也使这里成为一个典型的"杂姓村"。时至21世纪初，村里仍有41个族姓：陈、高、龚、郭、何、胡、黄、季、江、康、赖、蓝、雷、李、林、凌、刘、卢、缪、沈、邱、施、孙、涂、王、温、文、吴、肖、谢、熊、叶、应、游、俞、郑、詹、张、钟、周、朱（以上按音序排列）。

人口的变化是社会变迁的一个缩影。根据福安市档案馆提供的坦洋户口信息，1938年，坦洋村720户3517人，为历次统计中人丁最为兴旺的年份，与当时坦洋茶业正处盛期相合。1949年，坦洋村470户1455人，为1938年的41%。1961年，全村543户1818人。2016年，坦洋村共523户2073人。

以上"坦洋村"包括坦洋主村和所属岩头面、岩头下、山头3个自然村，相当于今天由"村委会"管理的行政村。

文物旧址

真武桥　位于坦洋村口。始建于1737年，后遭水灾垮塌；1861年重建，上覆以亭，后毁于火灾；1876年武举施光凌联合胡兆江、郭尚宾、王正卿等茶商重建；1989年重修，改原木拱为石拱，其他制式依旧；2004年进行最近一次修缮。桥长39米，跨31米，单孔

真武桥

跨度5米，高11米；桥面阔三开间，进深十五开间，歇山顶，中设神龛，奉祀真武大帝以镇水患，故称"真武桥"。该桥是连接寿宁县武曲茶区的交通要道。桥中神龛对联："武帝桥跨两县界，坦洋十景一屏障"。

闽东是中国的廊桥之乡。真武桥原来也是一座木拱廊桥，又称为"凤桥"，下游不远处还有一座叫"龙桥"，两架廊桥上下呼应，共同完成了一幅称为"双虹绚彩"的美丽画卷。龙桥后来被山洪冲毁，人们就在原址修了座水泥桥；近年进行重建，恢复木拱廊桥，以重现"双虹"景观。

真武桥与茶有着不解之缘。桥的对岸是坦洋村的茶山，山山相连，一直绵延到寿宁武曲。桥是茶农上茶山的必由之路。每年茶季，这里是茶青的交易场所，桥头桥尾和桥上到处都是装满茶青叶的担子，还有堆成小山一样的茶青，周边飘逸着沁人心脾的茶香。1982年，珠江电影制片厂为摄制电影《喜鹊岭茶歌》，还专门到这里拍摄了一组镜头。

胡氏宗祠　该祠堂位于坦洋上街胡姓聚居地的核心位置，属二进三天井五开间的格局，建筑面积1800平方米。始建于清乾隆八年（1743），光绪年间重建，是坦洋胡氏祭祀先祖的礼制建筑。近年祠堂经

胡氏宗祠

过重修，流光溢彩，金碧辉煌。

祠堂边立有一尊胡福四（1722—1791）的石雕像。这位先祖人生七十载，为坦洋胡氏茶业作出过重要贡献。村里流传种种他与茶的传奇，甚至还涉及他去世一个甲子以后坦洋工夫的创制，足见他在族人心目中的地位。

施氏宗祠　该祠堂是坦洋村仅有的两座宗祠之一。位于坦洋下街，由坦洋工夫创始人之一施光凌发起修建，属二进三天井五开间的格局，建筑面积590平方米，坐东朝西，外门楼转折朝南。施氏本是诗书家族，祠堂内部的装饰布置也富有"书卷气"。2003年，施氏后裔重修宗祠，并在祠堂前立丰泰隆茶庄创始人施光凌（1827—1893）塑像；旁边立有茶界泰斗张天福题写的"坦洋丰泰隆"碑刻。

施氏宗祠

天后宫　福安一邑枕山面海，溪河纵横，旧时水运非常发达，沿

天后宫

溪沿江主要村镇均建有妈祖庙（或称天后宫），全县达 20 多处。坦洋的天后宫是西溪上游的首座妈祖庙，始建于清道光三十年（1850）。该建筑外形仿照福州台江福安会馆样式，为二进二天井五开间格局，系抽取茶厘钱修建。旧时坦洋人倚仗便捷的水运将大批的茶叶船运舶载，直通远洋，妈祖自然也成了坦洋人祈求水上平安的精神寄托和保护神。

　　土炮楼　坦洋村因财主多，难免树大招风。为保地方平安，丰泰隆老板、武举人施光凌获知县朱德沛准许，筹办团练（古代地方民兵组织），保境安民。1860 年，有山寇犯乡，施光凌"身为卒先"，率乡兵将其击溃，使"寇氛遂息"。此后，坦洋茶商组织村民自卫成为传统。清末民初，社会动荡，为了防匪，坦洋人从上桥头开始，绕过村后山，筑起一道十余华里长的城墙；炮楼就修筑于栅门边上，最多时有 12 座。如今保存完整的有 2 座。均高四层，以黏土和砾石混合夯筑，结实坚固；第二层以上每层墙体设有外小内大的开口，既是采光、通

土炮楼

风的窗口，同时也是作为防御工事的射击口。

蒙井 村口桂香山下有一处"蒙井"。清人郭治在《坦洋山水记》中写道："（桂香）山有岩……岩下有井，曰'蒙井'，相传有宋郑夹漈（郑樵）题'蒙井'字，今亡。""蒙井"原是四川雅安蒙顶山（蒙山）皇茶园的一口井，人称"蒙泉井"或"甘露井"，相传取此井水烹茶则有异香。坦洋人有感于桂香山岩下泉井终年不竭，烹茶有异香，就以"蒙井"名之。

民居建筑

王家宅院 位于坦洋上街，是一个庞大的建筑群，系坦洋王氏第一代茶商王正卿手建，落成于 1906 年。王家通过半个世纪的积累，将做茶叶生意挣来的"番银"变成这些不动产。这些建筑均是工住

王家宅院

两用，楼下为居家住屋，楼上是茶庄工场。共有六座，分别称为"一先堂""二生堂""三光堂""四达堂"等，组成一个群落。每一座宅院都是"六扇八廊庑"制式，按二进二托二天井五开间双侧屋的格局建造，蔚为壮观，足见当时坦洋王家的实力。精美的门楼、巍峨的风火墙，宅院内天井、回廊、影壁、鱼池，布局恰到好处；屋宇高大、宽敞，雕梁画栋，装饰精美、实用，极具闽东民居特点。该建筑群保护完好，王氏后人依然住在这里，时常有许多人慕名前来参访。

丰泰隆旧址　"丰泰隆"建筑群位于坦洋下街，系施光凌亲手创建。这里既是他的府第，也是茶行所在。施府正座厅堂有一个"石锁"，上面刻有"三百斤"字样，系施光凌练功之物。据施氏后人说，当年每日晨昏，其先祖光凌公都要在这里练功，平举"石锁"，

丰泰隆茶庄工场旧址

绕行天井6匝。与正座紧邻是一处别舍，前庭后院，十分清雅。还有一座"横楼"，三层建筑，每层11开间，宽阔敞亮，是"丰泰隆"的制茶工房，也是坦洋村迄今保存最完整的早期红茶制作工场。抗战全面爆发后，省立三都中学从海岛内迁坦洋，此楼改作校舍使用，接纳了来自闽东各地的流亡学生。近年，"丰泰隆"别舍和"横楼"及周边场所经过整饬，成为"坦洋工夫历史文化展示馆"，接纳各地前来参访和体验工夫红茶加工的人们。

其他民居 茶叶工贸给坦洋带来滚滚财源，许多事茶者因此致富，并用做茶叶生意挣来的钱盖起宅院，蔚为壮观，使得坦洋村在今人眼中简直就是闽东传统民居的博物院。这里许多宅院都是二进二托二天井五开间双侧屋格局，较为完好地保留下闽东清代建筑风格。其中"屋脊垂鱼"是一大特色，寄托着乡民趋吉避凶的良好愿望。民居的分布充分体现了聚族而居的中国传统居住模式。

坦洋下街有胡氏家族聚居的宅院。胡家宅院的特点是墙高户实，十分坚固。高墙内设有防护门、弹药库、粮仓、秘密水井等，易守难攻，建筑群边侧还有两座炮楼守护。难怪民国时期福安县的厘金局（税务局）也选设在这里。

工夫红茶给这个原本名不见经传的闽东小山村带来的财富让人叹为观止，这许多宅院是历史见证。1975年，坦洋村修路时，施工队从下街一处老宅基下面无意间竟挖出数十担白花银子，让在场的人们瞠目结舌。

坦洋上街王家大院的南侧，是吴家宅院，吴宅旁边曾有一座小洋楼（现已改建），为民国著名茶商吴庭元所建。小洋楼装修新潮、气派，专门用来接待外地茶商，后门还有橘园，是一个很有诗意的去处。传说曾有俄罗斯茶商随吴庭元来坦洋考察，因夜间抵达，弃舟登岸后就随庭元进村，安置在此洋楼。这位洋茶商虽然每日受到吴老板的好生款待，但耐不住寂寞。吴老板就领着洋商逛夜市，说这只是"上街"，那是"下街"，下次你来我再带你逛"下街"。该茶商被蒙得云里雾里，晕头转向，连说"哈拉索"（俄语"好"）。这段掌故至今仍为坦洋乡亲乐道。

1975 年后福安县开始建设社口—晓阳公路，路线从坦洋村中心穿过，将这个古村一分为二，数十座精美的传统民居从此荡然无存。

（三）闽海茶都

坦洋菜茶

对坦洋来说，最具吸引力的是茶叶，最让坦洋人感到荣辱与共的也是茶叶。坦洋茶的故事从有坦洋村的时候就开始了。

闽东传统的茶叶品种是绿茶，制作比较简易，就是杀青、揉捻（搓揉）和干焙三道工序，家家户户都可生产。绿茶品质在很大程度上取决于原料质量，高寒山区所产茶叶尤为优质。坦洋胡氏利用本乡周边"高峰耸翠"的有利条件，用传统的优选法培育了一种新茶；由于这个茶种树矮枝壮，叶茂质嫩，茶味醇醇，而且耐旱抗瘠，很快就得到人们的青睐，并得以推广，被称为"坦洋菜茶"。关于它的得名，一说是因为叶子较宽大，似菜叶而名之；

一说是因为该茶多种植于房前屋后菜园边，所以称为"菜茶"，一般也称"小茶""土茶"。

坦洋菜茶属有性系地方良种。"树为灌木型，树姿半开展，分枝较密。中叶型，芽梢短小，茸毛尚多。中芽种，3月中下旬萌芽。抗逆性较强，适应性广，产量较高。适制红、绿茶。制红茶，香高味浓，为坦洋工夫红茶的主要原料；制绿茶品质良好。"（《宁德市茶业志》，2004年）坦洋菜茶旧时在福安种植相当普遍，是福安县的代表茶种，各茶区普遍种植，并推广到周边县区。1912年后，坦洋菜茶开始向外省推广，最初是四川，继而是江苏、湖北、湖南等产茶省份。1962—1965年还传到马里、肯尼亚等国。

坦洋菜茶给坦洋村带来

——

坦洋菜茶植株

——

坦洋菜茶种植资源保护区（福安市茶业局提供）

了早期的名声，外面世界开始注意这个产茶名村，周边许多茶商也慕名到此开设茶庄或者入山求市。

利施西洋

然而，真正决定坦洋历史命运的不是茶叶种植，而是茶叶的工贸。

19世纪中叶，历史的契机悄悄地叩开了坦洋的门扉。1851年，坦洋茶人试制工夫红茶成功，并且很快走红。因红茶主要用于外销，坦洋村因而受到进一步的关注。

不久，福州成为当时中国唯一的茶叶出口码头。与福州口岸一

坦洋工夫历史文化展示馆

水相连的坦洋村获得千载难逢的好时机。此后，坦洋生产的红茶均先行运往福州口岸，再出洋转销国外。

白云山下这个普通的小村落，由于茶叶加工和茶叶贸易的兴盛而闻名于世。坦洋成了一块长着"摇钱树"的风水宝地，像磁铁一样吸引着四方乡亲。1866年，闽省当局在坦洋村设茶税局，征收茶税。

清末至抗战全面爆发前，是坦洋茶业的黄金时期。坦洋茶人齐心协力把坦洋工夫做成中国的名牌，主要销往英国、苏联和国内的一些少数民族地区，少量销往日本。巨额的生产量需要大量的原料作保证。这时期的坦洋，茶行数十家，每年雇工数千人，产量2万余担；毛青茶的收购范围上至政和新村，下抵霞浦赤岭，方圆数百里，境跨七八县。每当茶季，闽东周边各县和闽北的政和、浙南的泰顺等地的茶商组织挑夫翻山越岭，连夜将毛青茶挑到坦洋精制加工。

闽海关1894年的年度贸易报告称："板洋和邵武地区出产的、价格低廉而又有泡头的功夫茶是值得购买的好茶，买主也会从中获利，特别是在伦敦，它们成了印度和锡兰茶叶的劲敌。"

坦洋红茶和武夷红茶在欧洲国际市场并驾齐驱，坦洋工夫成为英国王室和大小贵族下午茶的"座上宾"；英商购买之华茶，以坦洋茶为最。坦洋村的知名度也与日俱增，在国际市场上有"小武夷"的美誉，从英伦寄往坦洋的邮件，只需写上"中国坦洋"四字，便可直达。

昔日茶都

坦洋老者王隆生（1928年生，坦洋王姓茶商后裔）讲述：

抗战前，坦洋茶叶在外面很有名，都是红茶。那时候，福安的税务局(当时叫做"厘金局")不是设在城关，而是设在坦洋。每当茶季，政和、寿宁、周宁、泰顺等地的茶商雇人连夜用布袋挑着毛青茶到坦洋来加工。挑夫每人都备一盏点着蜡烛的灯笼，用长竹篾连着，一端插在挑夫后背固定着，另一端弯曲，吊着灯笼，远远看去就像一条火龙。第二天早上，满街都是茶客，牛羊都难以通过……规模比较大的茶号还发行"茶银票"，在茶号内部流通，并且凭此兑换银元。茶号还在福州设立茶庄，我祖上开的是"祥记"茶号，茶庄设在福州南门兜，茶庄就写"坦洋祥记"四个字，可见当时"坦洋"的名声是多么响亮。

王隆生话说
坦洋当年

整个茶季，坦洋村到处弥漫着浓郁的茶香。这时是坦洋茶行最为热闹的时节，也是周边村民最繁忙的季节，茶区民众把一年的希望都寄托在这个季节。男人除了照顾家里的地，主要就是忙茶行里的活；女人没日没夜地参加采茶、择茶，赚一些实实在在的银元，以备一年之需。茶活在这里成了全民性的产业。当时流行着这样一首民谣：

> 诸娘择茶，青蛙喊帮；
>
> 阿婆择茶，去庵去堂；
>
> 小孩择茶，买饼买糖；
>
> 姑娘择茶，尽办嫁妆。

繁盛的茶叶贸易使坦洋村的人气越来越旺。到 20 世纪 30 年代，坦洋村的人丁就有三四十；继黄、胡、朱、施等族姓之后，到坦洋迁居的人们络绎不绝，随着坦洋工夫的崛起，来这里趁食（谋生）的人与日俱增，使得这个数百户人家的村子，姓氏居然多达六十余个。

每年茶季，大量外地人到坦洋打工，更使这里人丁倍增。村子里住不下，就在周边山脚搭起临时的寮棚，权作栖身之处。乞丐到坦洋行乞，手摇挂有铜钱的茶树枝，转悠到茶行前，唱几句发财诗，说几句讨巧话，自然皆大欢喜、满意而归。

全面抗战爆发之前是坦洋茶业的盛期，据说最盛时全村共有茶行 36 家，如元记、宜记、福奎、冠新、春茶、裕大丰、詹德发、胜泰来、丰泰隆等，从上桥头直到下游村口的真武桥边，整条街都是茶行。这些茶行的主人多是本地人，也有外乡人，包括福州等地的茶商。经营的主体是本地加工或再加工的工夫红茶，也有少量来自闽北或闽东其他县的乌龙茶和白茶。坦洋街成了闽东茶叶贸易的著名"茶市"，坦洋村成了闽浙边地无人不知的"茶都"。

每年二月初二"土地福"刚过，茶行老板就到福州去提取茶银定金，以分发给周边茶区的茶农，用作当年的生产成本。茶银用船运送，进入黄崎港后沿长溪溯流而上，直到社口的溪口码头，然后从陆路挑回坦洋。茶银都是用专门的银桶装，一桶1000块银元。坦洋曾经流行一句谚语："银桶比冬下的番薯担还多"，可见当年坦洋的繁盛与殷富。

茶业的繁盛极大地刺激了商业的繁荣，坦洋街成为福安西北部的经济中心。坦洋的街市形成于清末，由于茶市的兴盛，形成一条繁华的街路，到民国前期（全面抗战前）已经很具规模。两侧商号店铺挤挤挨挨，鱼店、布店、杂货店、药店、客栈、油坊、酱油坊、染坊、磨坊，还有赌场、烟馆，等等，简直就是一应俱全。坦洋的繁荣程度足以同商业重镇相比。

坦洋东方红茶民俗馆（李立提供）

坦洋村门楼

三

历史名茶的世纪风云

坦洋工夫是劳动人民智慧的结晶，是福安市最早的"中国制造"。在风雨飘摇的历史岁月，当中华民族的生存危机与日俱深的时候，坦洋工夫以独特的魅力征服了西方世界，在激烈的国际竞争中为祖国赢得了荣誉，为中国茶业、为地方经济、为社会民生建立了不朽的功勋。坦洋工夫所凝聚的文化精神是历史留给我们的宝贵财富。

在一定意义上说，早期坦洋工夫就是一部浓缩的近代史，从1851年至1951年，见证了整整一百年的时代风云。

（一）品牌创建

一举成名

19 世纪是福建红茶（闽红）的辉煌时期。中国武夷山区所产的

坦洋村茶文化园的情景雕塑

红茶，越来越受到国外市场的欢迎，红茶产地因此不断拓展。咸丰元年（1851）有建宁茶客到福安九都坦洋采购茶叶，并向坦洋茶人传授武夷红茶制法。这一年坦洋胡氏万兴隆茶庄率先自制红茶成功，并在市场上大受欢迎。当时红茶在国际市场的价格远高于内销价格，第二年坦洋丰泰隆、祥生记、泰大来等茶庄争相仿效，使红茶生产在坦洋迅速得以推广，并使精制技术不断成熟。

坦洋的红茶生产日盛一日，输出量也与日俱增，"板洋茶"的记录不绝于闽海关的年度贸易报告中。由于坦洋生产的红茶是以地方良种坦洋菜茶为原料，不论外观还是汤味都有自己鲜明的特色，受到国外消费者的追捧，给坦洋村带来了早期的荣誉。坦洋茶人在制茶实践中逐渐形成一套富有特点的技艺，这些技艺被称为"工夫"（功夫），成为他们的附加资本。为了加强市场的竞争力，坦洋各茶庄统一为自己的产品冠上产地名，打出"板洋工夫"的共同名号，继而正式称为"坦洋工夫"，一个感动中国茶史的品牌就此诞生。

坦洋工夫创始人简表

姓名	生年	卒年	享年	1851 年岁数	经营茶庄
胡大盛	1792	1857	66	60	万兴隆
施光凌	1827	1893	67	25	丰泰隆
王正卿	1822	1890	69	30	祥生记（祥记）
吴步云	1826	1891	66	26	祥生记（生记）
胡兆江	1829	1895	67	23	泰大来

尽管这时福州已经辟为通商口岸，可是清政府仍禁止福建茶叶从福州海运出口，因此福建茶只能走江西陆路，先运到广州，由"粤之十三行逐春收贮，次第出洋，以此诸番皆缺，茶价常贵。"（清·郭柏苍《闽产录异》）直至1853年，太平军占领了江西，断了陆路，福州才有幸成为当时中国唯一的茶叶出口码头，同时成了和各茶区维持交通的唯一口岸。1854年清政府开放茶叶贸易，1861年闽海关（洋关）正式成立，一下子缩短了坦洋茶的运销距离，给坦洋工夫茶的发展带来了绝好的机会，一颗耀眼的商业明星就此在国际市场上闪亮登场。

坦洋茶集福安、寿宁、宁德（包括周宁）、霞浦（主要包括柘荣）等北路茶源于一乡，精制加工后供应欧洲市场。坦洋（板洋）茶在国际市场上一亮相，就受到欧陆消费者的青睐，影响也随之扩大。坦洋"为红茶产制中心，故该县（福安县）和寿宁、宁德各县所产之茶，概有坦洋工夫之称，（坦洋）附近产茶甚富，茶号林立。"（福

① | ② | ③   ① 磻溪老街   ② 穆阳老街   ③ 沙坑老街

泰逢老街

斜滩老街

建省政府统计处《福建之茶》，1941 年）"坦洋工夫"成为福州口岸的第一品牌，在欧洲市场上占有很大的份额。

由于茶源多元，品质不一，坦洋（板洋）茶就有了"极品"和"普通"的等级区分，从而满足了欧洲市场不同阶层的消费需求，使得坦洋工夫在欧洲市场不但需求量大，价格也平稳。在坦洋工夫的带动之下，白琳工夫和政和工夫先后创制成功，"闽红三大工夫"形成。

我国正式与各国通商以后，茶叶出口数量逐年增加，1870

福安穆云蟾溪村的茶碑

年达 180 万担（1 担 =100 斤 =50 公斤），1880—1888 年为茶叶外销最盛期，平均每年为 252 万余担（蔡维屏《茶叶》，民国三十二年）。在这样的背景下，1881 年，坦洋街的茶行共产茶 5 万箱（每箱 75 斤，计 3.75 万担），产值 100 万大洋，创下历史纪录。这时坦洋工夫问世才三十多年。

坦洋工夫的问世是市场需求、地理交通条件和茶人的主观努力等诸因素的综合效应，有其历史的必然性。民国福建省政府统计处编辑的《福建之茶》分析坦洋工夫创制的原因认为，"北路之茶即于其时为建宁茶各所赏识，于福安县北坦洋采制工夫，其制茶法遂传入北路，因滨海交通便利之故，转占输出优越地位。"

19 世纪 80 年代，英殖民地印度、锡兰（斯里兰卡）的茶叶加紧与华茶争夺市场，坦洋工夫等华茶由于繁重的关税、运输费等原因，加上少数茶人不够自律，在国际竞争中渐居劣势；福安茶人最终被迫收缩国外市场，把主要精力转到国内市场。

二度发展

1899 年，清政府为了偿还外债，"振兴商务，扩大利源"，主动开放三都澳，坦洋工夫茶借机东山再起，经三都澳海关出口的坦洋工夫茶与年俱增。

1908 年，俄国人第一次大批购买板洋茶叶，开启坦洋工夫红茶进入俄罗斯市场的历程。

这时期国际市场竞争愈加激烈，华茶在海外市场受到严重挑战。福安茶人加强自律，坦洋工夫以全新的姿态进军国际市场。1910 年福安茶商吴步洲发起成立福建省第一家地方茶业研究机构——福安茶业研究会，倡导和研究改进茶叶事宜，对促进坦洋工夫茶的持续发展起了积极作用。

坦洋工夫带着刚刚平复的伤痛和国际商战的硝烟走进了民国时代。

此时期坦洋已经不再"一花独秀"，福安之东溪、西溪、穆阳溪、茜洋溪沿岸的重要村镇（包括西溪上游的斜滩）也都建有茶行。福安西部的穆阳依靠优越的地理区位和穆阳溪便捷的水运，成为闽红的重要产地。明末清初，这里就有茶行 30 多家，主打红茶生意。这时期国际市场竞争愈加激烈，华茶在海外市场受到严重挑战。北路茶加强自律，坦洋工夫以全新的阵容进军国际市场。经三都澳出口的红茶由 1912 年的 5.06 万担发展到 1915 年的 7.24 万担。（《三都澳海关十年报》，1912—1921）

1915 年，美国政府为庆祝巴拿马运河开通，在西海岸的旧金山市举办一场盛况空前的"巴拿马太平洋万国博览会"，福建省实业厅选送的福安商会茶即坦洋工夫红茶参加展赛。当时欧美的茶市，印度、锡兰（斯里兰卡）的茶叶势头很强，咄咄逼人，准备在博览会上与华茶决一雌雄。坦洋工夫红茶凭着自己的

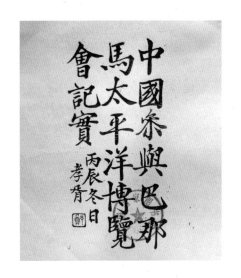

中国国家图书馆藏本《中国参与巴那马太平洋博览会记实》书影。该书 p191 记载福安商会茶（坦洋工夫）在博览会获金牌奖章

58

（正面）

（反面）

巴拿马太平洋万国博览会金牌模型

天生丽质和精湛工艺最终挫败了外邦对手，获得金牌奖章，重振华茶雄风。坦洋工夫也在这一次国际商战中胜出，并且奠定了作为民族品牌的历史地位。

（二）闽红老大

三启繁荣

可是好景不长。爆发于 1914 年的第一次世界大战，正在欧陆打得你死我活。这场战争历时四年多，有 30 多个国家 15 亿人口被卷入，对人类造成了巨大的物质和精神上的损害。闽东人"乌换白"（当时对以茶叶换银元的形象说法）的美梦就随着欧洲战火的蔓延而破灭了。

1918 年，虽然第一次世界大战结束，但是闽红的对外贸易并不乐观，多种因素导致闽东红茶的出口量急剧下降。据《三都澳海关十年报》（1912—1921）的记载，到1921年跌到谷底，全年仅余4622担，还不及1915年的6.4%；与此同时，闽东绿茶由于东南亚华人的消费带动，1921年出口量攀升到8.4万担。

1922年，闽红的国际贸易开始逐渐恢复，由坦洋工夫领军的闽红三大工夫茶以物美价廉的优势东山再起。这是闽红的第三次崛起。这一时期的坦洋有茶行数十家，每年雇工数千人，产量2万余担，成为远近闻名的"茶都"。

此后到抗日战争全面爆发前，是闽东茶业的黄金时期。1934年，福安茶地面积达6万亩，占全省茶地总面积的10.3%；茶叶产量达5.1万担，占全省茶叶总产量的21.7%，居于全省第一位；茶叶产值达大洋178万元（福建省政府统计处《福建之茶》，1935年）。全部产值中，坦洋工夫茶120余万大洋，占67%。坦洋工夫的影响进一步扩大，成为地方品牌，中心茶市出现多处，不再是坦洋一村独大。1935年，省建设厅茶业管理局在赛岐设立闽东办事处，负责茶商注册登记，并发放许可证，对茶市贸易实行监督管理。

当时日本、印度、斯里兰卡等国也产红茶，但是无论品质还是味道都无法与中国茶相比。日本茶商为了取代中国茶在国际市场的地位，派人潜入闽东茶区，将茶农在地板上赤脚揉茶、发酵的茶青放在地上暴晒，拣茶妇女的幼儿在拣茶场内便溺等情况拍成照片，在国际市场上广为宣传，大肆中伤中国红茶。可是欧洲人经过检验，确认了中国茶的优秀品质，日本人的企图最终还是没能得逞。

但是，茶叶机制一直是中国茶人的追梦。1935年福安茶职校茶场就尝试用国产茶机制茶（陈鸣銮《福建福安茶业》，1935年），由于该茶机还不成熟，未能普及。1936年福安茶业改良场引进日本产制茶机械制茶，第二年投入生产；并在坦洋推广，使之成为福建省首个采用机器制茶的村镇。1937年制茶81箱，由香港英商裕昌洋行以每50公斤75两银元成交（当时福安一般红茶最高价为56两）。1938年，除留作罐装及袋泡茶外，制茶28箱，经中国茶叶公司、商检局、汪裕泰茶号与茶叶专家吴觉农、冯绍裘等审议，认为品质大大提高。此产品由茶业管理局在香港以每50公斤130元港币出售，与当年福安、寿宁各县出售的红茶最高价95元港币相比，高出37%。制茶技术的改进不胫而走，各茶区纷纷来人、来函要求给予技术指导。机械制茶技术在坦洋很快得以推广，但在当时仍只是"一花独秀"。直到1941年，福建省茶业管理局在各主要茶区推广张天福设计的"九一八"式揉茶机后，才有效地解决了茶叶机制问题。此后闽东茶区基本上用上国产茶机制茶，不但解决了困扰多年的卫生问题，而且提高了工作效率。

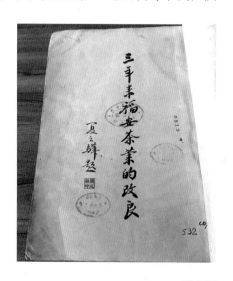

张天福《三年来福安茶业的改良》书影（资料图片）

张天福和他设计的"九一八"式揉茶机

市场营销

随着福安茶业的不断发展，福安茶人的市场意识也与日俱增。1907年，坦洋茶商吴庭元（字赓俞）率先在香港注册"元记"商标，成为当时福建省有名的茶叶巨商。1910年，元记茶行与俄罗斯客商签下一笔50吨坦洋工夫红茶的订单，曾叫多少同行瞠目结舌，至今依然在茶界传为佳话。1935年，坦洋胜大来茶公司为保护自己的合法权益，还随出口茶品配发英文防伪文告，其汉语译文如下。

胜 大 来 茶 公 司

中国福建坦洋

银毫最好的中国茶

中国的茶叶是该国的特产，并是市场上公认最好的茶叶，在中国所有的产茶名地中，福建的坦洋独树一帜。在坦洋，我们公司生产最好的红茶有许多年头了。每年春天，我们上山采摘鲜嫩的茶叶，为确保成品的质量，我们使用最好的工人进行调制，不允许任何原因造成茶叶含有灰尘杂质，以保质出优。

知道我们的茶叶在国外备受青睐，我们喜出望外，激动不已。我们的茶品质连福州的外国茶叶交易公司也无话可说。时至今日，由于我们要扩大生意规模，我公司不断改进茶叶的制作方法，希望因此能从好做到更好，从更好直到最好，就像这些年来国内外顾客对我们所不断寄予的厚望。

坦洋胜大来茶公司随出洋箱茶配发的英文防伪广告

但是有相当多假冒伪劣的茶叶顶替我们的产品，试图"鱼目混珠"，因此我们发表这份英文声明，帮助我们尊敬的顾客辨别真伪。真诚希望我们尊敬的顾客们留意这份声明，并能一如既往地支持我们。

当时福安产制的茶叶主要是红茶和绿茶。红茶分"洋庄"和"苏庄"，洋庄茶包括坦洋工夫和坦洋小种，均为出洋的精制茶，供应海外市场；苏庄茶系精制茶之下脚料制成，品质粗劣，完税后运往苏州，行销华北、内蒙古、西藏等地。这一时期茶庄、茶行在福安县内各主要集镇星罗棋布，枯荣更替，此起彼落。1935 年统计，全县有茶庄67家，其中坦洋11家。实力比较雄厚的茶号还自己发行"茶银票"，用于茶行内部流通，并凭票兑换银元。许多茶银票正面印中文，背面印英文；笔者还见到一款银票，上面印有英国国会大厦。

① 清末光绪年间挑运茶叶的"发单" ② 坦洋"振泰兴"茶号的茶银票 ③ 坦洋"同泰春"茶号的茶银票

▌（三）战时战后

茶政改革

茶叶作为福建省的大宗特产，历来受到政府和社会的普遍重视。

抗日战争前期，主要战事在东北和华北地区，南方茶业受影响不大。1937 年 7 月 7 日卢沟桥事变后，中日战争全面爆发。为争取经济战线上的胜利，广拓国际贸易，换取外汇。福建省当局按民国政府既定政策，实行茶叶管控，推行茶政改革。1938 年，福建省废除茶栈阶级，各茶号奉令成立联合茶号，直接向政府贷款，并由政府统制运销；同时按当局公布的毛茶山价收购毛茶，保护茶农利益。

1939 年，民国政府实行茶叶统制。由于欧战的影响，国际商路阻滞，为充分利用当时十分有限的运力，国民政府以"重质不重量"为外销统制策略，以期多生产优质茶品。规定茶农生产的茶叶必须售给经过核准的商号，商号将政府贷款以预购金形式发给茶农，并按省茶业管理局核定的茶类准制箱数产制，经营权归省茶业管理局。1940 年，坦洋 7 家茶庄（商号）准制首春和二春工夫红茶合计 4300 箱。

1940 年福建省政府停征茶捐训令剪报

1940年，为了减轻商农负担，省政府训令"各县区……不得再以任何名义征收茶捐，以利茶政推行。"同年，为了有效提高外销茶叶的质量，中国茶叶公司与福建省政府共同在阳头创办福安示范茶厂，以统制红白茶的制作工艺，制定运销办法，对茶叶生产起示范和推动作用。福建贸易公司福春茶行于赛岐设立第一分制厂（经理高裕松）。1941年，福建省政府在赛岐先后设立"福建省建设厅茶叶办事处"和"中国茶叶公司福建办事处赛岐包运管理栈"。同年，福安茶区推广"九一八"式国产揉茶机制茶，大大地提升了茶叶加工的产量和品质。

战时苦撑

1938年5月，厦门沦陷，福州局势空前紧张，当局奉令将全部闽茶运往香港进行贸易，以确保茶叶的外贸安全。这些茶叶均以财政部贸易委员会下设的富华公司名义布样，由物产贸易公司主盘，成交后所得外汇概归富华公司收取，再由贸易委员会香港办事处电请重庆总会按法定汇率拨付法币，汇还茶商。这样，外贸闽茶在港与皖、赣、两湖各产茶省份茶叶，在同一个市场上并驾齐驱，公开评质论价，其售值较之以往交易的价格，高出20%~40%，创造了过去数年来未有过的记录。华茶价格以往为洋商操纵，从此以后主权在我，闽茶才可能实现真正的价值。

这一年外销闽茶近10万件（箱，每件25公斤，下同）2482.2吨，其中福安茶45360箱1134吨，占全部外销闽茶的36.80%；福安茶多数是红茶，其中坦洋工夫占大多数，工夫和小种合计占福安茶的近70%；白茶较少，仅占0.67%。

———
① 福安县抗敌后援会查禁、销毁鸦片情景（福安市档案馆提供）
② 省立三都中学从海岛迁往坦洋，再迁坂中（福安市档案馆提供）

①|②

运港的工夫红茶及茶片售与贸易委员会富华公司的均转运苏俄贸易，约占 60%；售与英商洋行者转运欧美各国，约占 40%；小种、白毫、干介（红茶碎片）等全部售与英商洋行，转运欧美；其他茶末、茶梗、茶枳等则多售香港商人，转售南洋。（陈萱《两年来闽茶输出贸易概述》，1941 年）

据统计，1939 年度福安新销香港的红茶（包括坦洋工夫和坦洋小种）达 53300 件（1332.5 吨），其数量在港销各类新闽茶中遥遥领先。是年外销闽茶增加到 18.33 万箱，其中福安茶 5.1 万箱，占 27.78%。

淞沪战役后，海口被日寇紧锁，茶运困难，市场萧条；欧洲战事不断升级，交通更加阻滞。茶商视制茶售茶为畏途，茶农以茶园茶树为废物。1939 年张天福写道："福安茶号，在昔有百余家，年来受茶业不景气之影响，亏本倒闭者甚多，存在者尚不及半数，且呈有减无增之趋势，一般人士认茶为冒险事业，而稍有资产者，均裹足不前。"

坦洋泰昌盛茶厂的外销红茶包装盒（胡祖荣提供资料）

尽管民国当局和茶界精英做出了种种努力，但是战局不断恶化，社会动荡加剧，茶业经济进一步走向深渊。1940年7月，三都口岸遭敌轰炸，三都港成为死港；1941年4月，福州沦陷；继而太平洋战争爆发，战争范围迅速扩大。从亚太到欧陆，战云密布，硝烟弥漫，商旅断绝。1942年，尽管省政府公布的福安工夫茶的毛茶山价从上年的每市斤0.52元提升到每市斤0.8元（中心价），为奖励早采嫩摘，不再规定最高价格；同时准予绿茶和青茶（乌龙茶）自由运销，不定山价，但是依然无法挽救茶业颓势。就全国（大陆）来说，茶叶出口量从1938年的4.27万吨跌到1941年的0.91万吨；此后不断递减，到1945年仅余0.05万吨。北路茶也跌入绝境，连昔日"茶袋铺路当床倒，街灯十里透天光"的坦洋，也只能哀叹"茶农掘茶头，一路眼泪流。茶败坦洋败，新街清溜溜"。

战后恢复

抗战胜利后，中国茶业开始逐步复苏。到1948年，中国大陆红茶的外销量就超过1936年的60%。

福安茶业也开始同步复苏。尽管时局动荡，但是许多茶农、茶商依然怀着对战后经济的憧憬，踌躇满志，开始重操旧业，茶业在地方经济的地位依然举足轻重。

1945 年后，福安县茶业同业公会的团体会员（乡镇茶商业同业公会、茶叶生产合作社、联合茶号等）均加入东南茶业联营社。福建省有关部门每年仍公布毛茶山价和不同品类的成品茶价格，以保证茶农利益。地方当局对茶叶厂家、商号按照规定的统一标准进行核准登记，加强管理。这一时期精制红茶与精制绿茶市场价格相当，每担约 20 万元。

1948 年，福安全县登记注册的茶厂茶号共计 82 家，坦洋 13 家。

上世纪 40 年代末，福安茶园总面积约 3.5 万亩，茶叶产量约 1.7 万担（850 吨），其中红茶约 1 万担（500 吨），绿茶约 0.5 万担（250 吨），乌龙茶 0.2 万担（100 吨）。这些茶品除部分绿茶（包括花香茶）主要销往华北外，其余大部分是外销茶。茶业经济依然是地方民生的重要支柱。

赛岐北大街

赛岐中兴街

四

海上茶路的百年沧桑

一

元明以后，茶成为我国人民不可缺少的生活必需品，官府也加强了对茶叶的管控。明朝《茶法》规定，茶分三种：一是"官茶"，将茶运到边境，通过茶马互市，从游牧民族那里获得军马；二是"商茶"，实行茶叶专卖，茶商只有获得官府颁发的"茶引"（运销执照）才能贩卖茶叶，并向官府交纳茶税；三是"贡茶"，指定生产优质茶的地区，将茶叶进贡给朝廷享用。清朝也长期延续这样的做法。

历史上福建茶属贡茶，官厅不发给茶引，所以不能运到外地销售，官府也不征收茶税；但外地茶商可以来福建茶区购茶，经过关口时要交税，有时合并在关税或杂税中略收些"落地税"。近代以后，我国与西方欧美各国通商，大批茶叶开始远销海外，中国的茶政也因此发生了根本性的变化。由于坦洋工夫红茶以外销供应国际市场为主，于是有了闽东的"海上茶叶之路"。

（一）海路形成

初尝海运

根据 1842 年中英签订的《南京条约》规定，福建省被迫开放的商埠有福州、厦门两个。英国侵略者提出开放福州的一个重要意图就是为了茶叶贸易。当时华茶在英国的销路最大，而清政府严守闭关政策，禁止茶叶从福州出洋，令闽茶从陆路运入江西，再辗转进入广东，由广州的十三行"逐春收贮，次第出洋"。闽东的茶叶必须雇用担担哥（挑夫）肩挑到闽北，集中在赤石或星村，经崇安（今武夷山）出分水关，进入江西铅山之河口；然后沿信江至鄱阳湖，再溯赣江抵赣州，取道南安（今大余）、南雄、韶州（今韶关），最后顺北江、珠江而至广州。全程 1450 千米，耗时近两个月，水陆兼程，其艰难的情形和运输成本可想而知。如果改由福州出口，英商才可以控制茶市，而且海运路程最短，可以大大降低英商贩茶的运费，以获取巨额的利润。有人估计，由于这一项运输费用的节省，在福州比在广州最少可以降低货价 25%。

福州口岸开放之初，清政府仍坚持禁止闽茶从海路出口。直至 1853 年，太平军进入江西断了通往广州的茶路，继而又入闽切断了闽北的茶叶商贸之路，使大批茶叶囤积在闽北无法外运，才不得不同意开放福州为茶叶出口码头。曾任驻福州的英国领事卫京生（Wilkinson）在回忆中说："1852 年叛乱分子（指太平军）蹂躏江西全省，使该省境内一切贸易和交通等活动陷于中断，结果使原来

福州闽海关税务司官邸
（资料）

通过江西陆运到广州出售，再由广州装运去欧洲的福建茶叶，那一年竟无法运到广州市场……福州这时已成了当时和各产茶区维持交通的唯一口岸。"（卫京生《福州开辟为通商口岸早期的情况》，福建文史资料第一辑）

最早尝试福州口岸好处的是美国旗昌洋行，该行为确保武夷山茶叶（西路茶）货源，率先遣员携巨款进闽北茶区大量收购茶叶，然后包租船只，顺闽江运往福州口岸，由海路出洋。旗昌洋行的巨大成功引发了洋商的争相仿效，到1855年已有5家洋商在福州建立了洋行，专事茶叶贸易。

时值闽红新秀坦洋工夫初创，坦洋因与福州口岸一水相连，得滨海交通之便利，福安和周边各山县的毛青茶汇集坦洋精制成工夫茶出口。成品茶先用溪船运至赛岐，再从赛岐码头过驳大船运往福州马尾口岸，由于工夫红茶主要销往欧美，以赛岐为起点的海上茶路形成。

闽东海路

早期闽东运往福州的茶叶有两条路径。一条是全程水路，即各地汇集到赛岐码头的茶品过驳大船后，沿赛江南下，出白马门，经三沙湾，过东冲口，进入东海，然后循海岸线驶往福州口岸。另一条路则是水陆兼程：出白马门后先从海路到宁德飞鸾码头登岸，然后改用肩挑，翻越飞鸾岭，循官道经罗源、连江到达福州。今飞鸾岭南路起步岭尚存的晚清碑刻，记录了1879年宁德、福安、寿宁三县茶商捐资重修飞鸾岭路的过程；碑文涉及的茶庄包括宁德"一团春"，福安坦洋的"泰大来""福兴隆""祥记"等；董事李世镐、王正卿、胡兆江、吴步森四人均为福安大茶商。起步岭还有一碑，上有吴步云名字。据福安岭下村《谷岭吴氏宗谱》收录的吴步云墓志铭记述，吴曾出资整修罗源、连江两县之间的"崎岖险危山径"。以上王正卿、吴步云、胡兆江均为坦洋工夫的创始人。

茶之运输路线与茶品的包装方式有很大关系。福安旧时主要生产三种茶：洋庄红茶、苏庄红茶和京庄绿茶。洋庄红茶也就是工夫茶，是应海外市场之需，每年多达数万件，全用木箱包装；箱内先套锡箔纸以防潮湿，再内衬扣纸才可装茶叶，钉箱后外贴棉纸，印上商号，

① 东溪上游的沙坑码头　② 西溪上游的斜滩码头

③ 穆阳溪的穆阳码头　④ 穆阳溪下游的溪镇码头

①	②
③	④

晚清富春溪水运图（原载道光《澜江薛氏族谱》）

再刷桐油，装潢讲究，每箱一般装精制红茶50斤或75斤。苏庄红茶，多是茶梗、茶末等精制工夫茶的下脚料，数量不多，用篾篓包装，每件装茶100—200斤；该茶品先运到苏州，再转运华北、蒙古、西藏等地。京庄绿茶，毛茶制好后即运到福州进行再加工，窨花精制成花香茶；该茶品用布袋装盛，袋内衬白竹叶防潮，袋口纽紧后加印记，每袋50—60斤；福安绿茶虽不如红茶多，但每年也有几万袋。一般来说，百来斤的茶担适合挑运，其余只好用船载。

坦洋工夫靠着赛岐的港口优势，成为闽红的领军者。1881年，坦洋工夫茶总产量5万箱（每箱75斤，计3.75万担），产值100万大洋，创下历史纪录。海上茶叶之路的畅通使坦洋工夫成为天之骄子。

1864年，太平天国的天京（南京）即将陷落，有六股太平军最后一次同时入闽，福建的北部和西部为战事笼罩，西路茶受到重创。

闽东商业重镇赛岐的老码头（资料）

可是在闽东北，由于坦洋工夫的带动，北路茶得以迅猛发展。1884年，政和工夫红茶创制成功。政和工夫以政和为主，邻县松溪以及浙江庆元地区所产之茶也集中政和加工。政和工夫红茶从陆路经周墩挑到穆阳，再用溪船顺水运达赛岐过驳大船出洋，以赛岐为起点的海上茶路进一步兴盛起来。

（二）海运盛期

三都海关

闽东海上茶路开辟46年后，1899年三都福海关成立（福海关是福建省继闽海关、厦海关之后设立的第三个海关，受闽海关税务司和总税务司的双重领导，与当时完全独立于闽海关的厦海关不同）。三都港到闽海关所在地福州马尾的航线距离仅 74 海里（137 千米），按当时普通轮船每小时 20—25 千米的航速计算，6 个多小时便可抵达。此后三都澳成为闽东广大茶区的天然航运中心。从赛岐港起运的茶叶全程走海路直达福州口岸，不再走飞鸾岭官道。根据《三都澳海关十年报》（1899—1901 年）的统计，1901 年出口货物价值 145.3 万关两（1 海关两相当于 0.77 两），比进口货物超出 142.4 万关两，进口货物价值只占出口的 2%。出口货物中茶叶是大宗，占全部货物的 99% 以上。三都澳成为赛江航运业的转运口岸和以茶叶为主要出口商品的关税码头。

北路茶的起运点主要是赛岐，但不只是赛岐一处。三都福海关成立后，宁德县北部山区部分茶叶沿霍童溪运至八都码头转宁波船

三都福海关税务司官邸（资料）

出口（或用肩挑由陆路翻越飞鸾岭直达福州）；屏南、古田和宁德的虎贝、洋中、石后等地出产的茶叶先集中于宁德铁沙溪（今蕉城濂坑村），然后出西陂塘，经三都澳运往福州；1906年清政府在沙埕开辟口岸，此后福鼎县的白琳工夫和白茶、绿茶则集中于沙埕港外运出口。以上各起运点中，从宁德八都和铁沙溪起运的茶品主要是绿茶，运到福州后再熏花精制成花茶，供应国内市场。而闽红工夫茶（精制红茶）属外销茶，是应海外市场之需，在三都福海关完税后过驳轮船，经福州口岸远涉重洋，进入国际市场，主要销往欧美，赚取洋人的银两。

大清国的邮票盖上三都澳邮戳（资料）

经过清末短暂的休整，坦洋工夫红茶东山再起。1915年，坦洋工夫红茶在"巴拿马太平洋万国博览会"上获得金牌奖章，对北路茶的经营者是一次巨大的振奋。这一年，经三都澳海关出口的红茶比1912年增加了43%。

尽管如此，但是时值欧洲经济大萧条和第一次世界大战，同盟国和协约国正你死我活地奋力厮杀，哪有闲钱和逸致享受中国的美茶！战争后期闽红最大的买家俄国发生了内战。战后英国政府给予印度茶叶优待。这些因素的综合作用使得北路茶的出口量急剧下降，坦洋工夫在英伦也是有价无市。1917年伦敦茶市停闭，第二年干脆禁止华茶进入英国市场，北路茶陷入困境，海上茶叶之路也"清静"了许多。

海路繁盛

直到 1922 年，闽红的国际贸易才逐渐恢复。这时福安实业家王泰和于 4 年前开辟的三都澳至福州的轮航发挥了很好的作用，从赛岐出发的北路茶到三都澳后，过驳王泰和的"江门号"轮船直抵福州口岸。代表先进生产力的轮船运输进一步增强了闽东茶人"乌换白"的信心，以坦洋工夫为领军的闽红三大工夫在欧陆再次闪亮登场。1926 年，随着海外新市场的拓展，北路茶的输出回升到 20 多万担；1929 年更达到 35 万担之多，此后几年依然长盛不衰，国际市场的大量需求使红茶生产大放光彩。长溪水系各溪河沿岸中心茶市比比皆是，坦洋村不再一枝独秀，福安一邑茶号多时达到百余家（张天福《三年来福安茶业的改良》，1939 年），以赛岐码头为出发点的海上茶路风光无限。

福安的坦洋、穆阳，福鼎的白琳，政和的铁山，寿宁的斜滩，周墩（今周宁）的东洋是闽红的重点茶区。以上除了福鼎的白琳，其余茶区出产的茶品大多经由赛岐码头过驳出口。以寿宁为例，从斜滩到赛岐码头的 120 华里水路，斜滩艚每船每次运茶 20 箱（每箱净重精制红茶 75 斤），合 1500 斤精制茶；以 1933—1934 年为例，该县年产精制茶叶 3 万担，共需船运 2000 船次。这才只是斜滩一路。当年以赛岐为起点的海上茶路之繁忙程度，可见一斑。

1927 年，坦洋茶商胡修诚在赛岐创办"裕通轮船公司"和"裕泰来茶叶公司"；此后，福安茶商合资成立了"福寿轮船公司"，实现了用轮船将茶叶从赛岐直接运往福州口岸的愿望。从此，以赛岐为起点的闽东海上茶路更加便捷，由赛岐码头起运出口的北路茶

赛岐三江口

与年俱增。1941年福建省政府统计处《福建之茶》载，"北路包括旧福宁府属之福鼎、霞浦、寿宁、福安、宁德、周墩、柘洋等县区及屏南一县……茶树之种植，产量之多，几占全省总产量十分之七"，"上自政和新村，下至宁德、霞浦，方圆几百里，周围六七县，茶叶均为福安所购""内地之运输，除一部分陆路用肩挑外，其余皆由水路运输"。"寿宁之茶……经武曲、社口而往赛岐"；周墩（即周宁）之茶则"直接由陆路挑运至福安之穆阳，经赛岐出口"。

赛岐有着如此巨大而且长盛不衰的茶叶运转业务，就必须加强相应的管理。因此，1934年，福建省政府在这里设立了"福建省建设厅茶叶局办事处"和"中国茶叶公司福建办事处赛岐包运管理栈"。

1922年至抗日战争全面爆发前（1937年）的16年，是以赛岐码头为起点的闽东海上茶叶之路的辉煌时期。

锦绣赛江

（三）海路终结

战时茶路

抗日战争全面爆发以后，为争取经济战线上的胜利，广拓国际贸易市场，换取外汇，支持长期抗战，福建省当局按民国政府的既定政策，推行茶政改革，实行茶叶管控。

福建省贸易公司在福州创办福春茶厂，计划设 4 个分厂。为便利运输，第一分厂设在赛岐，委任高旭记茶厂老板高裕松担任经理，生产准山茶和花香茶（均属绿茶系列）销往苏俄。后因局势紧张，花源断绝，福春茶厂移于福安溪柄，仅设一厂，只生产准山绿茶，继续为抗战赚取外汇。1938 年 5 月，厦门沦陷，福州战事吃紧，当

在长溪下游跑运输的小木船（资料）

局为保证茶叶的外贸安全，决定将全部闽茶径运香港进行贸易。松溪、政和两县之茶也改由寿宁至赛岐出口。从赛岐码头起运的北路茶一律径运香港。

　　1939年，尽管时局艰困，从赛岐航路运往香港的福安茶有50918箱，其中红茶37761箱，占全部福安茶的74.2%，占闽红茶总量的31.2%。（柯仲正《闽茶统销的回顾》，1941年）

　　1940年2月，福建省建设厅茶业局奉令疏散到闽北，同时在赛岐廉首设立闽东茶叶运输处，专事茶叶囤运事务。当时闽东茶产量居全省第一，外销茶占全省的三分之一，责任重大。运输处在海关和福安县政府的协助下，冲破日军对东冲口的封锁，于同年10月一次性运出5万件茶叶。此后当局分别在宁德飞鸾和福安赛岐设立仓库，囤积茶叶，择期抢运，均获成功；换回大量外汇，为抗战出力。

1940年7月，三都口岸遭敌轰炸，三都港成为死港；1941年4月，福州沦陷。继而太平洋战争爆发，从亚太到欧陆，战云密布，商旅断绝。就全国（大陆）来说，茶叶出口量从1938年的4.27万吨跌到1941年的0.91万吨；此后还不断递减，到1945年仅余0.05万吨。（陈宗懋主编《中国茶经》，1992年）北路茶也跌入绝境，海上茶路几乎无茶可运。

战后变迁

抗战胜利后，中国茶业开始逐步复苏。到1948年，中国大陆出口红茶0.582万吨，超过1936年0.96万吨的60%。（陈椽《大战前后茶叶输出比较》，1950年）北路茶也同步复苏。

1948年，福安县的茶厂茶号恢复到82家，产品主要是工夫红茶，

赛江下游水势壮阔

今日下白石镇区

还有部分绿茶和乌龙茶（青茶）；除绿茶（包括花香茶）外大多是外销茶。与战前的海上茶路不同，这时的工夫红茶基本上是由福州运往香港、上海外销，绿茶先运福州熏花后运往上海、天津、烟台销售，乌龙茶则转运香港销售南洋。

1949 年，福安全县合计产茶 1.7 万担（850 吨），其中红茶约 1 万担（500 吨），绿茶约 0.5 万担（250 吨），乌龙茶 0.2 万担（100 吨）。这些茶叶过半数从赛岐码头起运，先抵福州，再运转上海、天津、香港，前往不同的目的地。

1952 年 6 月，三都港奉命关闭，闽海关三都支关撤销，以赛岐为起点的闽东百年海上茶叶之路就此终结。

五

坦洋工夫的早期茶商

——

从 1851 年坦洋人创制工夫红茶成功，到 1950 年各茶行茶庄停业，正好 100 年。这 100 年一般被认为是坦洋工夫茶的"早期"。

早期坦洋工夫的百年实践造就了一代茶商，他们直接参与工夫茶的产制和茶行的经营管理，是闽东第一代真正意义上的实业家和商人。尽管家族经营有许多局限性，但在当时的历史条件下，这些工商业精英能够摒弃传统的"本末"观念，投身中国的茶业，在与罂粟的博弈中胜出，赚取洋人的真金白银，惠及中国的民生，值得称颂。他们身上展现出的敢拼会赢、诚信经营、热心公益、乐善好施精神是闽东人共有的精神财富。

（一）坦洋茶商

胡姓茶商

坦洋胡氏事茶的历史悠久。入迁坦洋不久，胡氏即培育出地方良种坦洋菜茶，明末清初还在坦洋周边开辟了许多茶园。近代以后，"番舶驰禁，贪贾垄断，茶莽莺粟（罂粟），遍植岩野，以邀利市之三倍"（清光绪《福安县志·物产》），胡氏不但开垦出更多的茶园，而且还经营茶庄，做茶叶生意。有了这样的基础，咸丰元年（1851）万兴隆茶庄才可能率先开始工夫红茶的产制。

坦洋胡氏有世代向学、热衷功名的传统。即便不能从科举正途获得功名，也要设法通过其他渠道跻身"士林"。据坦洋胡氏宗谱载，从四世桂舜（福一）、桂禹（福四）兄弟"以上寿荣膺恩典恩荣八品顶带"始，其后世英祥（五世）、大盛（六世）、家栋（七世）、开轩（八世），直到兆江（九世），殁后都享受"诰赠奉政大夫"荣誉称号。后来兆江和波澜还分别捐得五品同知衔，大宾捐得千总衔；尽管捐纳只是一个虚衔，但也管用，也光宗耀祖，并且足显胡氏实力。殷实的家资和光耀的社会身份，为坦洋胡氏争取

胡桂禹（福四）雕像

到更多的话语权和影响力，成为地方大姓。

坦洋胡氏富有可贵的创业精神，是坦洋村开设茶庄最多的宗族。目前已知从晚清坦洋工夫创制到民国后期，百年间坦洋胡氏共开设过 25 家茶庄：万兴隆、胡兴隆、泰大来、胜大来、同泰春、同泰钰、裕大兴、裕大来、裕大春、裕泰来、裕大丰、金济行、福奎行、福茂行、亦和行、振泰兴、裕昌行、隆昌行、建隆兴、冠新春、超大来、宜兴、裕兴、裕泰丰、焕采。万兴隆是坦洋村已知的最早茶庄。

早期坦洋工夫的百年历史中，胡氏茶人不乏佼佼者。

胡大盛（1792—1857），坦洋胡氏第六世，万兴隆茶庄的掌门人。胡大盛经营茶业，不畏挫折，"遭变不渝其志，一蹶复振"，在坦洋、社口开设商铺多处。尤其是率先试制工夫红茶成功，功不可没。

身后福安知县徐承禧为其立传，其墓志铭称："厚族邻，好施舍，排难解纷"，"待人接物，温若春煦"。

胡兆江（1829—1895），坦洋胡氏第九世。在兄弟五人中，兆江为长兄，最为出色。兆江20岁即接手"泰大来"茶业，使得其父胡开轩50岁（约1849）后就远离茶事，颐养天年。胡兆江是坦洋工夫创始人之一，和其弟兆淮（1833—1891）共事茶业，对坦洋工夫茶品牌多有贡献。他善于看茶，采买好茶，精制加工后"以市洋商"。他们生产的工夫红茶在英伦广受称颂，供不应求。他"虽以商贾起家，而性好文史"，余暇时常读书不倦，有儒者风，时人称他"不为士之业，而为贾之良"。平时热心公益事业，"解纷排难，乐善好施"，口碑佳美。

胡修诚（1873—1936），兆淮嗣子。早年在坦洋开办裕大丰茶行，又在寿宁武曲设裕大昌茶行；曾任福宁同乡会茶业同业公会董事长。1927年在赛岐创办轮船公司，使福安茶叶得以实现用轮船从赛岐经三都直接运往福州的梦想。

施姓茶商

施氏在坦洋也是一个大族。坦洋施家"先世寒微，多隐德"。清道光后，光凌的两位兄长光辉、光熙"游太学"，施家才"渐兴门户"。咸丰年间施光凌因经营坦洋工夫茶顺利，在经济上有了实力；自己又中了武举，例授武信郎，在政治上也有了资本。这样，施家在地方上有了话语权。此后直至民国初，是坦洋施氏茶业的盛期。从晚清到民国，施家开设的茶庄共有9家：丰泰隆、亦茂行、永昌堂、文德堂、振昌隆、合来昌、乾记、美记、裕亨盛。

在早期坦洋工夫的发展过程中，坦洋施氏的作用举足轻重，但是施家的性格似乎更趋于读书求道。除了经营茶业、赚取洋人的银两外，多是豪气、尚武，乐善好施，仗义疏财。这样的品格与一般商人的"唯利是图""锱铢必较"是很难兼容的，甚至是格格不入的，这或许正是上世纪20年代以后，坦洋工夫蒸蒸日上而施家茶庄反而逐渐萎缩的重要原因。施家后人至今对当年不法之徒伪造施家茶票，致使茶庄破产旧事，仍保有深切的记忆。

但是施氏对早期坦洋工夫的贡献是令人感动的。有几位茶人尤其值得称道。

施光凌（1827—1893），自幼好学勇武，嗜读《汉书》《三国志》，1852年得中咸丰壬子科武举人，例授武信郎。1860年有山寇犯乡，知县朱德沛请施光凌组织团练筹防，使

施光凌塑像

施光凌故居

"寇氛遂息"。光凌文武兼备，但是他无意仕途，多次放弃机会，一心实业。他创办"丰泰隆"茶庄，积极参与红茶研制，是坦洋工夫红茶的创始人之一。丰泰隆鼎盛之时员工达三百多人，年产工夫红茶3000余担，产品主要销往英伦。福宁府学教授卢士珍称"英商购买华茶，以坦洋出产为最，金曰公之力也。"光凌一生乐善好施，热心公益，建祖祠，兴义塾，造桥梁，还为无家可归的乞丐"架瓦屋数间以庇之"；村口廊桥遭火灾后，也是他首倡，发动众茶商重建。他为人大度宽宏，与物无忤，甚至对不法之徒伪造丰泰隆茶银票、谋占其家业这样的大事，也慨然不予计较。

施长滢（1851—1900），施光凌长子。自幼喜爱读书，但运气不济，屡试不遇，只好随父学经商。其弟长壎去世后，毅然承担起施家茶务。长滢还继承了其父光凌乐善好施、热心公益的优秀品格，而且临危不惧，敢于担当。有一年山寇"二百余人突入坦洋抢劫，杀伤人命"，长滢请设在坦洋的茶税局负责人徐华润要求知县派兵；同时奋不顾身，"率甲士昼夜巡防"，因此深得乡亲信赖。

施长壎（1854—1881），施光凌次子。自幼就喜欢经商，帮助家里打理茶庄事务。20岁时，正当坦洋茶市的盛期，他就全力辅佐父亲，将茶行事务打理得井井有条。他身肩买茶之任，对拣茶、择茶等茶务非常在行，对茶叶经营很有一套，名声远播海外。平时热心公益，忠厚待人，凡有义举，大多慷慨为之。

王姓茶商

王正卿（1822—1890），少时家贫，二十多岁从寿宁北山世居地迁到坦洋学习经商。后看到茶叶生意好赚钱，就开始经营茶叶，并与同是客居坦洋的吴步云志同道合，共同创办"祥生记"茶庄。咸丰年间，祥生记茶庄也开始做红茶，王、吴二人均是坦洋工夫的创始人之一。

祥生记茶庄诚信守义，很快就遐迩闻名。坦洋茶市兴盛后，钱多了起来，社会风气崇尚奢侈，但王正卿依然坚持俭朴传统，并教育子孙"不得稍耽暇逸、染糜习"。正卿事亲至孝，急公好义，乐善好施，深得社会好评。进入民国后，坦洋王氏茶业在孙辈手上得到进一步发展。

"祥记"茶庄的制茶器具（茶筛）

根据王正卿后人隆生回忆，祥生记后来分开经营，王正卿和吴步云分别独掌"祥记"和"生记"。民国时期继承王家事业的是王正卿的长孙王种云。他很有经商天赋，继承先辈事业后，将"祥记"改为"宜记"，勤恳经营，继续将坦洋工夫做大做强。王种云还继承先辈热心公益的传统，扶弱助困。民国某年福安饥荒，种云贩茶到福州，购回台湾大米，赈济坦洋灾民。抗战胜利以后，王家不再投资茶业，坦洋王氏茶业结束。

吴姓茶商

吴步云（1826—1891），原居福安县谷岭（今晓阳岭下），后到坦洋学做生意。咸丰年间在坦洋与王正卿共同经营祥生记茶庄，后来"祥""生"分开，吴步云独掌生记。此时的吴步云正值而立年华，也是坦洋茶风雄健之时，他才略过人，不辞辛劳，决心将坦洋工夫做大做强。他奔走于闽粤之间，直接与洋人做茶叶生意，贩茶巨万，"不数年大获奇赢"。不但在老家谷岭建有二厂（茶厂、装箱厂）四宅，在坦洋建豪宅和精制茶厂各一座、茶行七间；而且沿长溪南下，在溪柄、赛岐、下白石等市镇购置产业，还在闽东其他地方多处设立茶行。

步云发迹以后，依然勤约治家，并思恩图报、关注国运。1884年，中法战争期间，军需告急，吴步云"毅然输财助边"，将从福州茶栈拿到的茶款捐出来给清军购买军火。清政府为了褒扬他，授予同知候补。吴步云十分热心社会公益，倡修道路桥梁；还出资整修罗源、连江两县之间的崎岖险危山径。其弟步升和侄子庭元受其影响，后来都成为闽东的茶界名人。

吴庭元（1883—1947），20岁时继承其父辈的事业，对红茶产销情有独钟。他思想开放，富有近代经营理念；不但把茶行开到福州，而且1907年还率福建省茶界之先在香港注册"元记"商标，成为当时福建省有名的茶叶巨商。1910年元记茶行与俄罗斯客商签下一笔50吨坦洋工夫红茶的订单，曾令许多同行瞠目结舌，至今依然在茶

吴庭元（资料）

界传为佳话。1940 年，吴庭元设在坦洋的"裕生"茶号，生产"金麟"牌精制坦洋工夫红茶，按当局下达的计划准制 200 箱。"元记"和"裕生"一直坚持到 20 世纪 40 年代末。

吴庭元之女杨坚回忆，

吴庭元（前中）和其婿高诚学（后左 4）
等家人合影（资料）

其父创建的元记茶庄，鼎盛时有茶山 4 座，精制茶厂 1 家，铺面 36 间，每年雇用茶师、拣工、店员三四百人；茶厂生产设备先进，年产工夫红茶 2000 余件，产品行销英俄等国。

郭姓茶商

坦洋郭氏原本是诗书之家。清咸丰年间坦洋茶业初盛之时，郭氏也加入红茶制的行列，茶号有"木山行""顺天行"等。这一时期郭家出了一位举人郭尚宾（咸丰元年孟曾谷榜），著有闻名的《桂香山记》。该文收录进光绪十年编修的《福安县志》，全文约七百字，叙述坦洋村的山川形胜、自然景观、乡村风物，以及游观感受，特别写到当年坦洋茶叶经济的繁盛和坦洋红茶在国际市场的影响力。该文也成为研究早期坦洋工夫历史的珍贵文献之一。

民国初期，坦洋郭姓茶商有两家茶庄，即郭慕聃的"郭公昌"和郭旺霖的"霖义"。据坦洋村王正卿后人王隆生讲述，郭家生意规模原比王家还大；1929 年，山匪来坦洋勒索，郭维雄与之谈判、周旋，未果；后上街茶行被山匪焚烧，有人诬指系郭维雄勾结山匪

早期坦洋茶商的部分后人。左起吴润民、施继康、胡文墀、王隆生、
胡启如、吴润泉（周子俊提供）

所为，郭即被当局拘捕入狱，并遭枪杀，郭家因此败落。1941年福
州沦陷后，坦洋郭氏最后一家霖义茶庄也退出江湖。

　　除以上胡、施、王、吴、郭五姓茶商家族外，民国时期的坦洋
还有余、章、俞、詹、刘、张、李、林等姓茶商。

（二）其他茶商

陈姓茶商

　　坦洋工夫初创时期，福安溪潭的凤林村和城关上杭的陈姓茶商
也很有名。

　　凤林又称林前、兰田，位于穆阳溪东岸溪北洋的南面，村对岸即是古代福安最负盛名的集市富溪津市（廉村、潭头）。19世纪前期（清道光至咸丰年间），凤林人陈俊士利用本乡地理条件，采购"上府"（建宁府，闽北）的茶叶和山货，用溪船运至赛岐，过驳较大吨位的木帆船，从海路运往温州、宁波、上海等地销售，再运回布匹、百货等生活必需品销往闽北，因而逐渐致富。他育有三子，名聚贤、定邦、聚奎，均为商人，商号分别为贻记、瑞记、金记，并在凤林建有闽东北最大规模的庄园。陈俊士为人仗义疏财、乐善好施，在建桥、修路、兴学等公益方面多有捐献。

　　坦洋工夫红茶创制以后，福安县众多陈氏商人也加入茶叶经营队伍，上杭陈春英（1836—1886）是他们的代表。春英20岁开始随其伯兄从商，"终日握筹算，无倦色。咸同间，闽海始通夷舶……君与伯兄为茶，运与外夷互市，所获利倍蓰，越十余年，伯兄卒，君独肩其任，纬繣不苟。顾外夷习久生诈，茶无辨良苦，故贱售，利大减。"（清光绪福安进士宋瞻宸撰陈春英墓志铭）这一则史料还佐证了19世纪50—80年代坦洋工夫的第一波盛衰。

　　上杭陈王基（字思化，1870—1939），民国初期曾当选省议会议员，同时被推选为福州福安会馆总理、福州福宁

陈王基（资料）

同乡会会长。陈王基同时是福安著名茶商，是福生春茶庄经理，曾与闽东其他茶人"共建福宁茶叶会，团结吾郡茶商，内谋改进，外御苛扰"（何宜武《陈思化先生传》），1931 年任福安县商会会长。陈王基还倡办福安县立宸山初级中学和福安茶叶职业学校。

民国后期（抗战以后），福安陈姓茶商依然长盛不衰，他们经营的茶厂、茶号主要分布在穆阳、韩阳（城关、阳头）、溪潭、范坑等地。1948 年穆阳的 18 家茶厂、茶号中陈姓就有 6 家，占三分之一。分别是陈实的"悦泰同"，陈绍铭的"广昇春"，陈因的"泰宁"，陈持秀的"惠通"，陈铭的"建隆新"，陈延喜的"隆昌"。而且规模都比较大，资本都在 4 亿元（旧币，下同）以上，其中"悦泰同"和"泰宁"达 10 亿元。此外，还有福安城关、阳头（察阳）陈思正的"政记"，陈可材的"发春泉忠记"，陈则武的"广春隆"，范坑陈玉俊的"义生春玉记"等。

缪姓茶商

民国时期，缪姓茶商群体在穆阳兴起。据 1935 年统计，穆阳有茶庄 13 家，其中缪姓占 7 家。分别是缪子馨的"生合成"，缪善卿的"合昌"，缪五弟的"泰记"，缪献廷的"泰亨隆"，缪英玉的"瑛记"，缪子雄的"新记"，缪子松的"宜春"。1948 年穆阳的 18 家茶厂、茶号中，缪姓有 4 家，规模都在 4 亿元以上，最大的达到 10 亿元。它们是缪雨川的"会昌"，缪玮琇的"万成春"，缪岱榕的"广鸿瑛"，缪晋秋的"裕春隆"。

缪姓茶厂、茶庄的特点是生产规模比较大，注册资本普遍比同期其他茶厂茶号要强许多，其中"广鸿瑛"的资本达到 10 多亿元。

除以上陈姓、缪姓茶商外，民国时期福安一邑各主要村镇还分布着许多茶号（茶行、茶厂），可谓星罗棋布；经营者除本地乡亲外，还来自四面八方，其姓氏构成也可称为丰富多彩。

高旭记茶业

赛岐高旭记茶厂（经理高裕松）始于 20 世纪 30 年代。抗战胜利后，高旭记凭着雄厚的资本成为地方巨商。高旭记茶厂红、绿、乌三茶并举，是当时闽东的茶业巨头。年产红茶 4000 担，花茶（绿茶）、乌龙茶各 2000 担，产值约百亿元（旧币）；原料毛茶除福安本地购进 5700 担外，还从宁德、霞浦各购进绿毛茶 3000 担。此外，在福州还办有分厂，进行熏花加工；在上海、台湾、香港等地设茶叶办事处。由于高旭记还兼营轮船公司，茶叶运输十分便利。茶产品抵榕后，其中红茶转运香港外销，花茶运往天津销往华北，乌龙茶则运港销往南洋。

六

坦洋工夫的制作技艺

一

早期的坦洋工夫红茶都是手工制作，这一套制作技艺迄今已经传承了 160 多年，是珍贵的非物质文化遗产。2009 年，坦洋工夫红茶的制作技艺被列入福建省第三批非物质文化遗产名录。

早期坦洋工夫的经营者中有很多人身怀制茶技艺，这些独具特点的技艺决定了自家茶产品的质量和风格，成为市场竞争的"软实力"。

在长期的实践过程中，坦洋工夫的制作技艺不断改良，在手工制作工艺的基础上，还形成了现代茶企业的机器生产工艺。进入 21 世纪以后，坦洋工夫的制作工艺和产品有了进一步的创新。为了确保坦洋工夫红茶的品质，有关部门和单位对生产企业实行标准化的监督和管理。

（一）毛茶初制

坦洋工夫红茶为全发酵茶，在加工过程中，原料茶鲜嫩叶的化学成分发生较大的变化，茶多酚减少 90% 以上，产生茶黄素等新的成分。加工后香气物质从鲜叶中的 50 多种增至 300 多种，一部分咖啡因、儿茶素和茶黄素络合成滋味鲜美的络合物，形成工夫红茶的独特风格和品质特征。

坦洋工夫红茶的制作比较复杂，工夫精细，技术含量较高，所以称为"工夫茶"（早期的一些文献也常作"功夫茶"）。其产制共有萎凋、揉捻、发酵、干燥、筛分、拣剔、复火、匀堆等八道工序，先期初制和后期精制各四道。

先期初制包括前四道工序，该四道工序一般由茶农在自家完成，其产品称为"红毛茶"。

萎凋

这道工序的意义在于使原料鲜叶蒸发掉部分水分，以减少细胞张力，增强鲜叶柔性；并散发掉部分青草气，增强酶的活性，使鲜叶内含物发生不同程度的变化，为成茶的色、味、香打好基础。

由于旧时设备条件不好，萎凋要在日照下完成，所以称为"晒青"。操作时将采摘的鲜叶均匀地铺在篾簟上让日光晒，并且频繁地翻转使之萎凋。萎凋要适度，以茶叶呈暗绿色，叶边呈褐色，叶柄呈皱纹，完全失去弹力，握于掌中不发出一点声响，展开后不再恢复原状为正好。萎凋太过则不易搓揉，发酵也难；萎凋不足则汁

室内萎凋（省茶业改良场资料，1937年）

室外萎凋（福安市茶业局提供）

102

液难出，而且留有青涩味。如遇上雨天，只好把茶鲜叶摊置在室内，或用炭火增加室内温度，使之萎凋。

现代制茶技术，鲜叶到位后，先摊铺在地上晾干走水；待叶梗水分明显减少，就移到萎凋槽萎凋。萎凋槽结构简单，操作方便，萎凋时间短，生产效率高，不受天气影响，能适应大规模生产的需要。近年一些茶企业在萎凋过程中还采用"轻摇"工艺，通过适当的手工或机械力作用，使叶缘轻微损伤。

———
室内用槽萎凋

揉捻

晒青之后就可以进行搓揉，现在称为揉捻。目的在于使茶鲜叶的细胞破裂，让细胞汁大量流出，用开水一泡，就容易出汁而有浓厚香味。旧时茶农常用脚来"踏揉"，虽然比用手搓揉便捷，但有碍卫生。

———
轻摇工艺配合萎凋

1941年张天福设计的"九一八"式揉茶机正式面世，并在省内主要茶区推广后，搓揉正式改为揉捻。揉茶机又称为揉捻机，机揉可使鲜叶卷成条状，使毛茶外形紧结美观。

经过多次改进，目前揉捻机有多种机型。以55机型为例，每桶装鲜叶35—40公斤，揉捻时间一般为50—60分钟（幼嫩叶可适当缩短时间）。揉捻应掌握"嫩叶轻揉，揉时宜短；老叶重揉，揉时宜长"的原则，具体操作：不加压10分钟，轻压15分钟，逐渐加至中压10—15分钟，重压10—15分钟，松压5分钟。

揉捻是否适当，对成茶的质量影响十分重要。揉捻室应避免阳光直射，室内温度宜低，湿度宜稍高；机揉采用轻压长揉的方法，使茶叶的成条率达到85%以上，细胞破损率达

手工搓揉（坦洋东方红茶民俗馆提供）

木质手摇揉茶机

80%以上；茶汁溢出而不滴流，使茶条索紧结，香味浓厚，初步形成其成品外形特征。较粗老或粗嫩不匀的鲜叶还需进行二次揉捻。

发酵

发酵是工夫红茶加工的独特阶段，它使茶叶中的多酚类物质充分氧化，形成红茶色香味的品质特征。红茶的发酵实际上从揉捻时就已经开始，因此揉捻时室温宜低。发酵之前还需"解块"，就是把揉捻形成的茶团解散开，降低茶叶的温度，以免叶内某些有效成分受热剧变。手工解块可使茶的条索外形不受损。

旧时制茶是"靠天吃饭"，把搓揉好的茶叶再放在日光下晒，借助天然的热力使之发酵；大约晒3个小时就变成红褐色，而香味亦变浓厚。如果

发酵（省茶业改良场资料，1937年）

发酵之后（周子俊提供）

遇上雨天，没有太阳晒，就束手无策。

现代工艺多在发酵室内进行发酵，这样便于控制温度和湿度。发酵温度控制在22—24℃，空气相对湿度一般要求80%以上，空气流通，使氧气供给充足，发酵充分均匀。发酵时间一般是2—3个小时，待茶叶的青草气消失，出现桂花香、果香，叶色大部呈鲜明的铜红色为适度。

———

传统的炭火烘焙（资料图片）

干燥

上述发酵工序结束后，将茶叶打散，用炭火烘焙，或者放在日光下晒，使初加工后的茶叶干度大约六成，"毛茶"即成。

这道工序的目的是制止茶叶继续发酵，蒸发多余水分，散发青气，提升香气，促使成茶条索紧结，防止霉变。过去

———

红毛茶成品

多使用焙笼用炭火焙干，所以称这道工序为"烘焙"。烘焙分为初焙、摊凉、足火三个步骤。初焙须高温（90-100℃），薄摊（每笼摊叶1千克），勤翻（每5分钟翻一次）；焙至七八成干即进行摊凉，时间1—2小时；足火温度较低（70-80℃），每10—15分钟翻一次。焙至茶条手捏成粉为止。

现在多使用烘干机进行干燥，高温初烘，低温复火，多次翻搅，使水分蒸发，达到毛茶成品要求。

（二）工夫精制

手工精制

红毛茶初制好后，就进入精制阶段，成品就是工夫红茶。由于毛茶的来路多元，茶树品种、产地、采摘季节等不尽相同，品质不一，进入精制阶段前必须根据未来成品工夫茶的市场等级要求进行定级拼配。

传统的坦洋工夫精制过程包括筛分、拣剔、复火、匀堆等四道工序。

筛分

旧时茶商将毛茶购入后，要进行再烘焙（或称"走火"），去掉尚存的四成水分，烘至全干，然后才进行"筛分"。烘焙在焙笼

（俗称"茶焙"）上进行。焙笼用竹篾编成，样子像缩腰的圆筒，笼内有活动的烘顶，茶就放在这上面。烘焙前先在地面的"焙窟"放木炭，再放上焙笼进行烘焙。每隔20分钟将笼取下，放在竹历（方言，一种圆形平底的浅口竹器，常用来晾晒物件）上，以手翻拌一次；不可在炉上翻拌，否则茶末就会落到炉内，燃烧生烟，这样茶就有一股枯焦味。

筛分的意义在于区分出茶叶的粗细，整理外形。此道工序最为繁琐，精制茶的工场大部工作都在做这一项。各地做法不尽相同，坦洋工夫的筛分步骤如下。

先一律过六号筛，筛下茶名"吊雨"；筛面茶如不够干，就要过烘后再筛，筛时用手搓捏细碎，随捏随筛，此筛下之茶，品质较次，因名"渣雨"；筛面残留者为"茶珠"。"渣雨""吊雨"各分十号：一号筛面名"头茶"，筛底交二号筛分；二号筛面为"二茶"，筛底交三号；依次行之。三号、四号……九号筛面茶分别称为"三茶""四茶""粗雨""中雨""小雨""茅雨""铁沙"，九号其下即十号为"末"。

"头茶"至"中雨"每号须过风车。风车有两个并列的斗口，右称"里斗"，左称"外斗"，末端不开斗口为"尾斗"。风车动时，蜷缩结实的茶就由"里斗"流出，称为"正身"，由"外斗"流出的称为"圆片"，再次被风飘至"尾斗"的为"正片"。"正身"发拣，"圆片"以下交片场"复吊"（即再筛分）。片场另置风车，"复吊"后再过风车。此时"里斗"的为"圆片"，"外斗"的为"轻身"，都交发拣。等到去净片末，拣净枝梗，就为净茶。

拣剔

拣剔俗称"择茶"。筛分后的茶拣去茶梗茶枝，即成净茶。该项工序必不可少，需用很多人力，全部是女工和童工；工资以分量论值，按劳取酬。

坦洋工夫净茶外形细长匀整，带白毫，色泽乌黑有光（因此旧时称为"乌茶"，与英文"black tea"不谋而合），内质香味清鲜甜和，汤鲜艳呈金黄色，叶底红匀光滑。其中坦洋、寿宁、周宁山区所产工夫茶香味醇厚，条索较为肥壮，东南临海的霞浦一带所产工夫茶色鲜亮，条形秀丽。（陈宗懋主编《中国茶经》，1992年）

复火

茶叶经过筛分后，多受湿润。为了确保茶品干脆，复吊后装箱前需以细火补烘一次，名为"复火"。

匀堆

匀堆福安方言称为"官堆"，目的是调匀茶叶的粗细。一般做法，用茶箱叠成（或用板闸成）一个"围墙"，把筛分的各号茶叶逐层堆到"墙"内，堆到一定高度，撤去"围墙"的一面，用耙向外沿徐徐梳耙，使各号茶叶混合调匀。量少的称"小堆"，合并小堆则为"大堆"。官堆是精制茶的最后一道工序，之后即可装箱发售。

以上介绍的是传统的手工精制技艺。旧时许多茶商本身就是制作工夫红茶的能手，有的还是大师，他们身怀高艺，而且在实践中不断改进，精益求精，以保证自家商号的市场竞争力。

手工精制工序：①筛分；②风选；③拣剔；④评茶；⑤装箱；⑥包装
（①②③⑤⑥福安市档案馆提供，④李彦晨提供）

①	②
③	④
⑤	⑥

机器精制

现在的坦洋工夫多采用机器精制。机制红茶在外观、净度、香醇度、口感诸方面都得到很大的提升，符合现代市场要求，获得消费者青睐。

精制的方式，因生产规模和企业的设备条件不同有所区别，主要有"单级付制"与"多级付制"两种。制作规程根据条索的粗细、长短，将茶叶分为本身路、圆身路、轻身路、机头筋梗路等四路，分路加工；设备机组由滚筒圆筛机、抖筛机、切茶机、平面圆筛机、风选机等组成。工艺流程与人工精制相近。

单级付制也称作"单级付制，多级收回"，每次付制的毛茶只有一个级，制成产品有许多花色等级。比较大型的精制厂常采用这种方法生产。工艺由本身路、圆身路、轻身路、副轻身路的作业线所组成的。

自动化生产中的茶叶初制（左）和精制（右）（福建隽永天香茶业提供）

外商考察福
安市现代化
茶叶生产(福
建隽永天香
茶业提供)

多级付制也称"多级付制,单级收回",规模较小的精制厂多采用这种方法。这种工艺流程简单,加工方便,效率高,成本低。付制前对毛茶进行认真拼配,调好等级,付制后以能收回相应等级的茶品为目的。工艺可简化为本身路、圆身路。

(三)标准与创新

产品标准

2017年8月,全国标准样品技术委员会在福安召开"坦洋工夫茶感官分级标准茶样品"国家标准样品评审会,评审通过坦洋工夫茶国家标准实物样品,使坦洋工夫茶成为闽东第一个拥有国家标准实物样品的茶叶公共品牌。

2017年1月，全国红茶标准化工作的有关会议在福安市举行（福建新坦洋集团提供）

2017 年 11 月国家质量监督检验检疫总局、国家标准化管理委员会发布《中华人民共和国国家标准·红茶》（GB/T 13738—2017），代替 GB/T 13738—2008。该标准的第 2 部分"工夫红茶"中对各等级产品的感官品质和理化指标都有具体要求。坦洋工夫红茶的生产均按该标准执行。

大叶种工夫红茶各等级产品的感官品质

级别	外形				内质			
	条索	整碎	净度	色泽	香气	滋味	汤色	叶底
特级	肥壮紧结多锋苗	匀齐	净	乌褐油润金毫显露	甜香浓郁	鲜浓醇厚	红艳	肥嫩多芽红匀明亮
一级	肥壮紧结有锋苗	较匀齐	较净	乌褐润多金毫	甜香浓	鲜浓较浓	红尚艳	肥嫩有芽红匀亮
二级	肥壮紧实	匀整	尚净稍有嫩茎	乌褐尚润有金毫	香浓	醇浓	红亮	柔嫩红尚亮
三级	紧实	较匀整	尚净有筋梗	乌褐稍有毫	纯正尚浓	醇尚浓	较红亮	柔软尚红亮

级别	外形				内质			
	条索	整碎	净度	色泽	香气	滋味	汤色	叶底
四级	尚紧实	尚匀整	有梗朴	褐欠润略有毫	纯正	尚浓	红尚亮	尚软尚红
五级	稍松	尚匀	多梗朴	棕褐稍花	尚纯	尚浓略涩	红欠亮	稍粗尚红稍暗
六级	粗松	欠匀	多梗多朴片	棕稍枯	稍粗	稍粗涩	红稍暗	粗、花杂

中小叶种工夫红茶各等级产品的感官品质

级别	外形				内质			
	条索	整碎	净度	色泽	香气	滋味	汤色	叶底
特级	细紧多锋苗	匀齐	净	乌黑油润	鲜嫩甜香	醇厚甘爽	红明亮	细嫩显芽红匀亮
一级	细紧有锋苗	较匀齐	净稍含嫩茎	乌润	甜香	醇厚爽口	红亮	匀嫩有芽红亮
二级	紧细	匀整	尚净有嫩茎	乌尚润	甜香	醇和尚爽	红明	嫩匀红尚亮
三级	尚紧细	较匀整	尚净稍有筋梗	尚乌润	纯正	醇和	红尚明	尚嫩匀尚红亮
四级	尚紧	尚匀整	有梗朴	尚乌稍灰	平正	纯和	尚红	尚匀尚红
五级	稍粗	尚匀	多梗朴	棕黑稍花	稍粗	稍粗	稍红暗	稍粗硬尚红稍花
六级	较粗松	欠匀	多梗多朴片	棕稍枯	粗	较粗淡	暗红	粗硬红暗花杂

工夫红茶的理化指标

项 目	特级、一级	二、三级	四、五、六级
水分（质量分数）/ % ≤		7.0	

项　目		特级、一级	二、三级	四、五、六级
总灰分（质量分数）/ %　　　≤		6.5		
粉末（质量分数）/ %　　　≤		1.0	1.2	1.5
水浸出物（质量分数）/ %　≥	大叶种工夫红茶	36	34	32
	中小叶种工夫红茶	32	30	28
水溶性灰分，占总灰分（质量分数）/ %　　　≥		45		
水溶性灰分碱度（以 KOH 计）（质量分数）/ %		≥ 1.0[a]；≤ 3.0[a]		
酸不溶性灰分（质量分数）/ %　　　≤		1.0		
粗纤维（质量分数）/ %　　　≤		16.5		
茶多酚（质量分数）/ %　≥	大叶种工夫红茶	9.0		
	中小叶种工夫红茶	7.0		

注：茶多酚、水溶性灰分、水溶性灰分碱度、酸不溶性灰分、粗纤维为参考指标。

[a] 当以每 100g 磨碎样品的毫克当量表示水溶灰分碱度时，其限量为：最小值 17.8，最大值 53.6。

品种创新

随着人们生活条件的不断改善和生活品质的不断提升，消费者对茶叶提出了更高的要求。

传统生产坦洋工夫红茶的原料多是坦洋菜茶。近年有的茶叶企业为了迎合消费者的"新""异"需求，也采用高香型茶树品种为原料，生产坦洋工夫红茶。一款新型的红茶"花果香坦洋工夫——闽科红"应运而生，丰富了坦洋工夫红茶的花色品种，受到茶叶消费者的欢迎和市场的认可。

为了规范"花果香坦洋工夫——闽科红"的产制，福安市茶业协会等单位联合制定《福安市茶业协会团体标准·花果香坦洋工夫/闽科红》（T/FACX001—2018）。

该产品采用金牡丹、金观音、紫玫瑰等茶树品种鲜叶为原料，在传统坦洋工夫（GB/T24710—2009 地理标志产品 坦洋工夫）加工工艺的基础上，经萎凋、轻摇、揉捻、发酵、烘干等复合初制工艺及精制加工，制成外形条索肥壮紧结重实，具有水蜜桃香、兰花香等独特花果香品质特征的工夫红茶产品。

标准对鲜叶质量、加工工艺与流程都做了具体规定。

初制工艺流程：鲜叶→萎凋⟷轻摇→揉捻→发酵→烘干；

精制工艺流程：筛分整形→拣剔→拼配→匀堆→烘焙→装箱（包装）。

标准还规定了各等级产品的感官品质和理化指标要求。

赛红茶技艺，铸国茶工匠（福安市茶业局提供）

七

茶歌茶俗和工夫茶艺

坦洋工夫是中国红茶的骄傲。从始创到今日，在创造许多商业传奇的同时，也培植了丰富多彩的茶文化，是中国茶文化大观园的一朵奇葩。

文化是人类在社会历史实践过程中所创造的物质财富和精神财富的总和。从这个意义上说，"茶文化"的内涵是非常丰富的，至少包括茶树的栽培、茶叶的加工、茶叶的销售和茶叶的消费四大环节，以及由此而派生出来的教育、科学、文学、艺术、民俗等。但一般意义上所说的"茶文化"则主要是指茶在被应用过程中所产生的主要的文化和社会现象。

坦洋工夫的茶文化丰富多彩，而且富有鲜明的地域特点。

（一）茶歌举要

坦洋茶歌

旧时的坦洋，每到茶季，茶歌不绝于耳。茶歌是茶区社会生活和人们情感世界的真实记录，是珍贵的民间文学作品，同时具有较高的史料价值。

坦洋茶歌，内容丰富，形式多样。比如"茶季到，千家好，茶袋铺路做床倒。街灯十里透天光，戏班连台做透暝（夜晚）。上街过下街，新衣断线头。番钱（银元）用斗量，溪泊'斜滩艖'。"用比喻和夸张的手法描绘坦洋茶季的繁盛和富足。末句道及的"斜

茗山歌海

滩艚"，是旧时一种航行于斜滩溪到赛岐码头的小溪船，这种木船面宽身短，1吨位左右，便于在山溪水运，旧时斜滩（寿宁）和东溪（福安上白石）茶商用此运茶。

又比如"诸娘择茶，青蛙喊帮；阿婆择茶，去庵去堂；小孩择茶，买饼买糖；姑娘择茶，尽办嫁妆。"这首民谣旧时在福安茶区流行甚广，尤其是在坦洋。茶业当时是福安（闽东）最大宗的经济产业，按当时的生产力水平，每生产500箱红茶，每日通常需要工人45人；而择茶（拣剔）这一技术含量不高，但需很多人手的工序则全赖女工和童工，甚至连老太婆也乐此不疲。这样密集的用工量调动了全民的劳动积极性，使茶叶经济"利益均沾"，无疑对增加农户收入具有积极意义。

下面两首篇幅较长，内容也更丰富。

见讲坦洋好乡村

社口转去坦洋村，见讲坦洋好乡村。

三月茶景好世界，左右茶行大街中。

也有店头做生意，也有财主开茶行。

后生一群头前去，老人落后不合帮。

后生也择芽茶米，老人也择黄片糠。

茶头量堆我最多，暝晡（晚上）称钱你最长。

发拣短命是过歹，明年哪行要你帮？

现时诸娘异调妆，都学福州时式装。

都兴蒙纱无马尾，银饰扁簪拴中当。

桃紫衫仔流行裤，月白寸二牙鞋旁。

你去街头松记择，我去街尾公泰行。

　　此歌可分为三个部分，前 6 句唱坦洋商业的繁荣，特别是大街两旁茶行林立的情景。

百岁茶人张天福为
百年老茶号题名
（资料图片）

坦洋工夫金门行（李立提供）

中 8 句，唱男女老少争着前往茶行择茶的情景。其中"黄片糠"是筛下糠状的茶末；"发拣"是分发茶叶让择茶工拣剔的茶行伙计，后加"短命"与"过歹"埋怨他没有把"好活"发给自己做，并无恶意。

后 8 句，唱女人们因择茶收入改善了经济地位，穿戴时新，愉快地去适合自己的茶行打工。"诸娘"指"无诸国"（汉高祖曾封无诸为闽越王）的女人，在闽东方言中一般指已婚女子。传说唐末河南人王潮、王审知兄弟率唐军入闽，为缓和族群对立，令土著女子与唐兵结婚，于是后来福建人称女人为"诸娘"，男人为"唐部"（或"唐部人"）。"蒙纱无马尾"指用网纱罩发，不用马尾做假发；"月白寸二"指一寸二分的月白色斜纹布。"松记""公泰"均为当时坦洋茶行名。

十二月择茶歌

正月择茶春头时，福州茶客还未来，

等到三月茶客到，坦洋诸娘笑眯眯，

春茶开市真热闹，四处山村都出奇。

二月择茶惊蛰天，家住坦洋大路边，
赶紧做鞋做衣裤，脚踏茶行好赚钱，
也有老人诸娘仔，也有后生共少年。

三月择茶三月三，身穿蓝裤漂白衫，
天光起床食早饭，去到茶行择茶干，
白茶娇嫩福州卖，诸娘娇嫩后生贪。

四月择茶立夏天，择茶娘子出门前，
头戴金簪金灿灿，足下花鞋花绣边，
身穿衣衫像仙女，收拾头脚去赚钱。

五月择茶是节期，打扮梳妆轻步移，
口抹河南胭脂粉，脚穿苏杭红哗叽，
来到茶行把眼看，好比仙女会佳期。

六月择茶热难当，福州茶栈太平堂，
也有唐部相玩笑，也有诸娘倒在床，
神仙也忖风流事，贪花难怪少年郎。

七月择茶七月当，十分热闹是茶行，
白茶先择去出卖，乌茶后择价钱昂，
绿茶细择粒粒宝，红茶净择卖番邦。

八月择茶是中秋，筛焙乌茶乌珠珠，
但愿茶卖好钱价，择茶阿妹多工钱，
赚人钱财仔细拣，择茶盘中赛工夫。

九月择茶是重阳，择茶诸娘转回乡，
也赚白银三十两，也赚衣裳三十箱，

也赚好酒寄家里，也赚鱼肉敬爹娘。

十月择茶秋风凉，择茶阿妹穿洋裙，

也择黄道好日子，去送茶客上大船，

船在水面飘飘去，不知何日再相逢。

十一月择茶清溜溜，茶行馆内都无人，

也有做茶败家产，也有女子赚大钱，

茶树逢春又大发，今年过了又明年。

十二月择茶是年兜，择茶赚钱一荷包，

茶客赚钱讲真话，明年一定再来包，

择茶诸娘齐高兴，坦洋茶行热起头。

　　这首择茶歌采用闽东民歌常见的"全年歌"结构形式，用铺张的手法叙事，重章叠句，从"一月"开始，逐月唱到"十二月"。围绕着"择茶"这一主线，唱出人们的劳动和生活，描绘了一幅生动的社会生活图景。既唱"春头时"对"福州茶客"的期待，也唱春茶开市山村四处的热闹场景；既唱"择茶娘子""收拾头脚去赚钱"的精妙细节，也唱她们"天光起床食早饭"的艰辛；既唱青年男女甜蜜的欢爱，也唱他们"择茶盘中赛工夫"的劳累；既唱"择茶诸娘"对爹娘的孝心，也唱"阿妹"送别"茶客"的一往情深；既唱茶叶经营的风险，也唱对来年茶市前景的美好憧憬。

畲族茶歌

　　畲族是一个喜欢唱歌、善于唱歌的民族，以歌传言，以歌达意。畲族称本民族的歌谣为"歌言"。畲族茶歌是歌言的一部分，虽然

畲山茶韵

有一些相对固定的"歌本",但多数是根据实际情景随编随唱,出口成歌。以下举例说明。

《茶米青》。这里的"茶米"在畲话中有"茶苗"之义。这首茶歌涉及栽茶、摘(采)茶的劳动过程。歌中提到的福云6号和高岭大白茶都是福安培育的良种,并在省内外茶区推广。

茶米青,问郎茶米哪位来,

茶米出在哪州县,全头一二讲出来。

茶米青,茶米仙人扒落凡,

扒落凡间崇安县,天下齐人传去栽。

茶米青,左手拔来右手栽,

栽分新园不爆芽,栽分旧园叶青青。

茶米过在对面山，清明过了叶青青，
今年茶米会值钱，劝郎回转种茶青。
种茶要种有名茶，良种茶米卖有价，
要种福云茶六号，又种高岭大白茶。
清明过了谷雨上，摘茶人姐满山中，
郎那掼篮娘掼篓，篓那贮满篮来装。
今下茶米真有价，清明未透喊摘茶，
一枝摘来一大把，一蔸摘来一大波。
清明过了谷雨来，摘茶人姐满山冈，
摘转岗头环一转，新茶又绿九重山。

《摘茶歌》（一）。这首摘茶歌从"一月"唱到"十二月"。
围绕着"摘茶"这一主线，唱出劳动的快乐和对美好生活的憧憬。

正月摘茶是新年，槌锣打鼓闹真天，
人客落寮茶招待，清水泡茶似蜜甜。
二月摘茶是新春，李树开花白如银，
高山茶树油嫩嫩，枝枝发芽二三分。
三月摘茶正当时，山林鸟仔叫吱吱，
男女上山摘茶米，唱起茶歌笑眯眯。
四月摘茶茶叶长，勤力娘姐事茶乡，
日中摘茶夜里炒，新茶来卖好银两。
五月摘茶节又来，茶树分桠青苔苔，
茶树来高人变矮，双手攀落采茶哉。

六月摘茶热难当，日头如火水成汤，
汗水淋淋身边落，一碗清茶解清凉。
七月摘茶叫茶哥，双手摘茶笑哈哈，
茶米担转街中卖，得着银两有半（中元节）做。
八月摘茶满山沿，十五明月圆又圆，
茶米来换中秋饼，共置凉衣笑盈盈。
九月摘茶九重阳，青茶刹季叶转黄，
新老茶园都要整，锄草落料正当行。
十月摘茶天转冷，三角茶铃满树生，
茶仔摘来好做种，明年种落满园青。
十一月摘茶落雪霜，茶园四处白茫茫，
茶艺一代传一代，贤惠人娘嫁贤郎。
十二月摘茶年又透，做茶家私叠满寮，
茶叶出国第一宝，人人掘山种茶蔸。

《摘茶歌》（二）。这首茶歌让我们分享了一对情侣一起劳动的甜蜜。

郎要摘茶茶未长，茶篮摜去冈头凉，
远远听知画眉叫，茶篮放落奴娘唱。
娘叫摘茶郎也上，眼见茶山青茫茫，
日中摘茶夜里炒，炒尽茶米值千两。

《食茶歌》。女唱男答，表达"郎"和"娘"（青年男女）的

———
外国友人学
唱畲族茶歌

绵绵爱意。

女：你郎来到我娘家，娘今看见笑哈哈；

左手端凳安郎坐，右手刷镬就烧茶。

男：端凳郎坐就算是，不用泡茶许细腻；

清水烧茶甜如蜜，食了娘茶记得你。

《敬茶歌》。主人向来客敬茶时唱，表达了畲民热情好客的性格特点。

人客来到我乡村，我见人客笑哈哈。

前门开了迎人客，再敬一碗清明茶。

人情结在碗中间，我泡清茶敬人客。

也知这茶真好吃，人情会好水也香。

《清水泡茶这香头》。客人喝了主人的茶后，唱歌进行赞美。

　　食一碗，真爽快，问郎茶水怎样烧；

　　茶米也无糖交蜜，清水泡茶这香头。

———
唱不尽的茶歌

（二）茶礼茶俗

民间茶俗

　　家常饮用　和闽东各地一样，福安人素有饮茶的嗜好，而且由来已久，溪潭镇溪北村和坂中乡步兜山村隋朝墓葬出土的青釉茶托杯就是很好的明证。福安民谚"开门七件事：柴、米、油、盐、茶、酱、醋"，道出了茶是寻常百姓的生活必需品。福安人称已经加工制成的干茶为"茶米"，是因其外形类似米粒，更为尊崇它和米一样重要。

福安人称饮茶为"食茶"，从古延续至今。一个"食"字，将茶与五谷同列，道出了人们对茶的依赖程度。

福安家家户户都备有茶叶、茶具。茶具包括壶、盅、杯、匙、盘、罐等。壶分烧水用的铜壶和盛茶水的瓷壶，乡间还盛行陶制的"茶瓮"，可以盛装较多的茶水，供劳作回家的人们"牛饮"。盅、杯、匙、盘都是品茶时必不可少的用具，供有雅兴的人们

家居奉茶（福安古画）

"品饮"时用。罐用来贮藏茶叶，有锡、铁、陶、瓷、玻璃等制品，这些器皿的共同特点是密闭防潮，以保证当年的新茶可有一年多的保质期。

福安的"茶食"很有名，各色糖糕饼都很有特色，品尝过的外乡人都赞不绝口。"茶食是喝茶时所吃的，与小食不同"（周作人《南北的点心》），是古代"食茶"习俗的延伸和拓展。福安的茶食中有一款叫"面茶糕"，香甜酥软，不糊不噎，口感甚好，而且名字就挺耐人寻味。面茶糕与炒米糕、状元糕、五代糕、云片糕并

列为福安茶食五大糕点；其实面茶糕、状元糕、五代糕的馅心基本相同，都是花生、芝麻加冬瓜糖、白砂糖等，区别主要在外观，面茶糕正方形，其他为长方形。

以茶敬客　福安人好客，待客必先请茶，然后请点心，再接着才留吃饭，因此有"茶哥米弟"的谚语。贵客初次登门，要以糖茶敬之；更有甚者，则敬以蜜茶；这种茶礼寓祝福来客之意。新正之月，

民国时期福安正盛商号的"官礼茶食"广告
（蔡耿新提供）

家中来客，无论新朋旧识，均以贵客待之，先敬冰糖（蜜）茶，再敬茶米茶。畲民礼客，敬茶时主人还唱《敬茶歌》。

唐代刘贞亮称茶有"十德"，其中有"以茶利礼仁，以茶表敬意"。寻常百姓虽不一定通晓"十德"，但敬茶以礼的观念却深入人心。旧时没有保温设备，来了客人要临时烧开水泡茶，为此在灶边专门砌一个小茶炉，专事烧水。有时主人为了赶紧，水还没烧开就急着冲泡，结果茶米（茶叶）在盅碗中半浮半沉，使茶汤香寡味淡，有失敬之嫌。于是福安就有了一句"无意冲茶半浮沉"的谚语，告诫人们敬茶时要用热水冲泡，诚心待客，以尽茶礼。

中国人讲究"人情"，到亲友家做客常要带"手信"（也叫"伴手"，就是小礼品），以示亲善和敬意。手信可以是糖饵果鲜，但是在闽东茶区，每遇茶季，人们常以新茶为手信。以茶为手信，不但雅致，同时也向对方表达了自己的敬意。

婚嫁茶礼

古人认为，茶树只能从种子萌芽成株，不能移植，"茶不移本，植必生子"（明·许次纾《茶疏考本》），因而把茶看作至性不移的象征。男女订婚以茶为礼，男方送定帖，叫"下茶"，也叫"下定"；女方接受男方聘礼叫"受茶"。谚语云："一家不吃两家茶。"因此福安有一习俗，未婚女子随父母到亲友家做客，不可随便喝主人家上的茶；因为喝了茶就可能被理解为同意做这家人的媳妇。

新嫁娘出门前要与娘家兄弟行分爨（分灶）礼，礼毕上轿前向娘家厅堂抛撒茶和米，表达对娘家的祝福。

大婚之日，拜堂后新娘敬茶。先敬公婆，每人一盅冰糖茶、一盅茶米茶。公婆享用后将仓间钥匙和灶间火柴放到茶盅中交给新妇，新妇拜谢后再逐一给参加婚礼的亲友敬茶。次日早上，新人在厅堂与诸女眷见面，按辈分依次施礼敬茶，茶用冰糖、红枣、花生、茶米冲泡。

畲家婚嫁还有"难为亲家伯"习俗。婚礼前两日，男家"亲家伯"代表男方到女家去送礼迎亲。亲家嫂用茶盘端出"宝塔茶"敬亲家伯。"宝塔茶"共五碗，分三层叠架在茶盘上，上下层各一碗，中层三碗，形象"宝塔"，故名。亲家伯必须咬住"宝塔"上层的一碗茶，同时用双手小心翼翼地托起中层的三碗茶，连同剩在茶盘中的一碗，分别递给四个轿夫；然后徐徐抬头，饮完用牙咬住的第一碗热茶。亲家伯要是出了差错，就要受到众乡亲的嘲笑和戏弄。畲族"宝塔茶"充满喜剧色彩，增加了婚礼的喜庆气氛。

敬神祀祖

福安是一个喜欢烧香拜神佛的地方。史志上记述，福安民间"习尚鬼巫"（《福宁府志·风俗》）。祠宫寺观里数不尽的泥胎木偶，各族姓祠堂的祖先牌位，加上白家神堂供奉的"天地君亲师"和"远近一脉宗亲"，都是敬祀的对象。每次敬祀活动都必须摆上供品，供品当中必有茶。乡民观念认为"茶可通神"，如宋人冯时可所说："故知神仙之贵茶久矣。"

传统婚礼，不论畲汉，都要敬神祀祖。佳期之日，中堂壁前八仙桌上喜烛高照，斗灯红火，十盏茗茶一字排开，供祀天地神明和

茗茶祀祖

历代宗亲。

福安民间砌灶，需在灶肚底部预埋一个陶制的"七宝瓮"，内置茶、谷、麦、豆、麻、竹钉和钱币等"七宝"，寓意五谷丰登、添丁发甲、招财进宝。修坟造墓也需要这个"七宝瓮"，放置在圹穴中。这两个"七宝瓮"除了表达人们的愿望，同时也是对神明的敬畏，前者指向"灶君灶婆"（灶神），后者则是针对"福德正神"（土地神、财神）。

福安的民间茶俗远不止这些，以上只是列举一些例子，说明问题而已。

（三）品饮艺术

日常品饮

福安是坦洋工夫的故乡，福安人品饮坦洋工夫茶是很平常的事，很多人把它当作每日的"必修课"。

就饮用方式而言，可以有不加任何调味品的"清饮"，也可以在茶汤中加入糖、酒、牛奶等调料的"调饮"；按茶汤浸出方式而言，有用热水直接"冲泡"，也可以给放有茶叶的器皿加热"煎煮"。坦洋工夫属条茶类型，外形条索紧细纤秀，内质香高色艳味醇，品饮在于领略它的清香和醇味，所以日常最常见的是用冲泡方式清饮；喜爱调饮或煎茶喝的，一般年轻人居多。

日常待客品饮虽然在程式上远没有茶艺表演那么精致，但一点都不马虎。

（1）准备工作：选茶、用水、备器

一般来说，居家品饮选用中档的工夫茶就可以了（当然，高档茶更好。但不管何等级的茶叶，均以存放半月后的新茶为佳）。往常的坦洋工夫多以坦洋菜茶为原料，近年也有以福云6号、福云7号为原料，有的茶企业还用原本用来加工乌龙茶的高香型原料来生产工夫茶，这样就使坦洋工夫的口感多样化，给品饮者更大的选择空间。

俗话说，茶水茶水，一半是茶，一半是水。水是茶生命的另一半，其重要性不言而喻。要泡出一壶好茶，除茶叶之外，就是水了。一般认为以清纯的山泉水为上。现实生活中则常用罐装的纯净水。假如直接用未经再过滤的自来水烧开泡茶，效果自然大打折扣。

畲家茶礼

工夫红茶素有"红颜知己"的美称，尤其是坦洋工夫，由于汤色红艳，更是"秀色可餐"。为了能够更好地欣赏坦洋工夫的汤色，白瓷或玻璃茶具都是很不错的选择。

（2）冲泡过程

置具洁器。准备好茶具，如泡茶的壶，盛茶的杯、盅或盏等，先用开水烫洗。

取茶入壶。根据需要和品饮人数，通常是每壶置3—5克工夫茶；若直接使用茶杯冲泡，茶量可适当减少。

热水洗茶。茶叶放入壶（杯）后，冲入少许热水，约半分钟后将水倒掉，这就是"洗"茶，主要为茶"开香"，使茶"醒"来，也使茶叶更洁净。

沸水冲泡。茶"洗"过后就可以冲泡了。冲泡工夫茶要用刚开的沸水，通常冲水至七分满为止。

闻观品饮。工夫红茶经冲泡后，放置两三分钟，便可将壶里的茶汤斟到"公道杯"，再分到小茶杯（茶盏）中（若用茶杯冲泡，就无需分杯），这时可闻茶香，观赏汤色。待茶温适口时，即可举杯品味。要缓缓啜饮，品出工夫茶的醇味，获得味觉、嗅觉和视觉的快感，进而达到精神的愉悦。

闽东人传统的饮茶习惯是喝绿茶。但绿茶性凉，多喝对一些人的肠胃可能不利。近年，随着人们保健意识的增强，在喝绿茶的同时也开始爱上红茶。坦洋工夫红茶属于暖性茶，特别适合肠胃虚弱者，也特别适合在冬季饮用。

据报道，红茶的茶多酚可以阻断多种致癌物质在人体内的合成，有较强的防癌和提高人体免疫力的功效；对病原菌、病毒有明显的抑制和杀灭作用；红茶的茶多酚抗衰老效果要强于大蒜、西兰花和胡萝卜等，也比维生素 E 强许多倍。红茶中的咖啡因能提高胃液分泌量，有帮助消化和降低脂肪的功效。每天喝几杯红茶，可以有效地帮助脑力劳动者缓解紧张的工作压力。

茶艺表演

改革开放以后，随着茶叶经济的发展、各地茶文化的频繁交流，以及人们对高雅文化需求的日益增长，坦洋工夫的冲泡技艺也同步提升。

福安市民族茶文化艺术团（福安市茶艺团）成立于 1992 年，从成立之时起就肩负起宣扬、推介福安茶文化的责任，成为坦洋工夫与外界交流的使者。福安茶艺团的坦洋工夫红茶冲泡程式源于生活又高于生活，将平常的生活现象艺术化，在数十年的锤炼中逐渐成为独树一帜的生活艺术。

余挺的《坦洋茶艺》将福安市茶艺团的红茶冲泡技艺表演分为"清饮法"和"调饮法"。"清饮法"可分解为 5 个程式。

洁杯温盏。用初沸的水烫洗茶具，洗去尘埃，同时为茶壶、茶盏升温。

红袖添香。按饮茶人的需要（一般 5 克），用茶针将工夫茶叶拨入壶中。

轻浣红尘。注水后将壶逆时针轻轻转动洗茶开香，片刻后将开香茶倒入茶海。

水木交融。悬壶高冲，注入沸水，盖好壶盖，让茶和水充分交融两三分钟。

红茶调饮法（丁立凡 摄）

斟茶敬客。使用滤勺把茶斟入公道杯，然后把杯中茶分斟各盏。

"调饮法"则在"清饮法"前4道程式（即"洁杯温盏""红袖添香""轻洗红尘""水木交融"）的基础上，继续以下程式。

斟茶入杯。红茶泡好后注入杯中，再将调匀的鲜奶和咖啡注入红茶中。

方糖浴火。将方糖用高度醇酒浇淋，点燃，让火苗燃烧片刻，放入茶汤中。

柠檬衔月。英式下午茶常用夹子将柠檬片衔在奶茶杯沿，俄式做法多将柠檬直接加入茶中。

奶茶敬客。用坦洋工夫冲泡调制的奶茶，汤色红艳，芬芳浓郁，

"畲族新娘凤凰茶"表演

口感佳美。

　　福安市茶艺团还有一档保留节目"畲族新娘凤凰茶"。整个过程充满浓郁的畲族风情，洋溢着喜庆、欢乐、祥和的气氛。

　　除了市茶艺团，福安市一些较有规模的茶企业也有自己的茶艺表演队伍，虽然各有特色，但主要程式基本相同。

　　标准制定

　　为了让更多的红茶爱好者和消费者领略红茶特有的风味和丰富多彩的品质特征，掌握正确的冲泡和品鉴方法，2015年12月福建省质量技术监督局组织发布《福建省地方标准·红茶冲泡与品鉴方法》（DB35/T1546—2015）。该标准规定了红茶冲泡与品鉴的术语和定义、环境要求、冲泡的流程与要求及品鉴，适用于工夫红茶和小种红茶的冲泡与品鉴，不适用于调饮茶类的冲泡与品鉴。

该标准从冲泡和品鉴两个方面提出要求。

（1）冲泡

冲泡流程：备器→备水→赏茶→温壶→投茶→冲泡→出汤→斟茶→奉茶→品茶→续茶（重复多次冲水→出汤→斟茶→品茗）。

使用茶具：烧水炉，烧水壶，茶壶或盖杯、品茗杯、茶海，以及茶荷、茶匙、茶巾、茶托等辅助冲泡茶具。

茶水比例：一般为1∶30（可酌情加减），冲泡水温宜控制在90—95℃，冲泡方法是高冲入壶。

（2）品鉴

品鉴程序：赏干茶→闻香气→观汤色→品滋味→看叶底。

干茶外形：参见本书p113-114。

茶味特性：

纯正度　茶汤滋味应表现出其自有的品质特征，以无异味、无杂味为上品，纯正度以第一泡表现最为明显；

鲜爽度　茶汤滋味在口腔中表现出的鲜醇爽口；

甘醇度　茶汤滋味在口腔中表现出的浓而不涩，有回甘的特征，宜综合多次冲泡的滋味来判断。

叶底特征：

工夫红茶叶底肥嫩多芽、红匀明亮，或细嫩显芽红匀亮；

小种红茶叶底匀齐、柔软、呈古铜色，或红亮，或嫩红、匀亮。

第一步 备器

第二步 备水

第三步 赏茶

第四步 温壶

第五步 投茶

第六步 冲泡

第七步 出汤

第八步 斟茶

第九步 奉茶

第十步 品茶

红茶冲泡程式（福建新坦洋集团提供）

142

八

红茶之都的时代新章

—

中国是茶叶的故乡。饮茶之风始于华夏，惠及世界。在众多茶类中，红茶是当今世界消费量最大的一类。

闽东北的三大工夫茶是"闽红"的代表，曾经无数次感动了世界。但是，从 20 世纪 60 年代后期起，随着世界格局的变化，茶叶市场也发生了转变，曾经在国际市场呼风唤雨的坦洋工夫红茶似乎也渐行渐远。进入 21 世纪以后，红茶再次引起消费者的情思，激发了人们的爱欲，红茶大军再次红走天下；在这过程中坦洋工夫东山再起，并且再次扮演了领军的重要角色，坦洋工夫的故乡福安市也当之无愧地成为"中国红茶之都"。

（一）重振茶业

统购统销

从晚清到民国，坦洋工夫精彩了一百年。"榷税之征输于中夏，商贾之利施及西洋"，为国家利益、为社会民生做出了贡献，也为世界送去了许多利好。

中华人民共和国成立以后，各级政府十分重视茶业生产的恢复和发展。在积极组织茶农垦复改造旧茶园、推广种植新品种的同时，在流通领域对茶叶的产销进行了前所未有的变革，加强了对茶叶的管控。1949 年 11 月，中央贸易部成立中国茶业公司，茶叶纳入国家统购统销管理。作为传统的中国茶叶主产区之一，福安茶业也发

福建省农林厅
福安茶业试验
场全体职工，
摄于 1953 年
（资料图片）

福安茶厂坦洋
初制厂部分职
工，摄于 1954
年（李彦晨提供）

生了根本性的变化。

　　1950 年，中国茶叶公司福建分公司将民国时期的福安示范茶厂
改为"福安茶厂"，该厂承担福安、寿宁、周宁、霞浦、柘荣等县
的茶叶调拨加工和内外销售任务；同时成立赛岐茶厂，负责下半县
和邻县的茶叶加工、销售。

　　坦洋工夫的生产和经营者改为国营茶厂和茶叶公司。坦洋村成
立了国营初制茶厂，收购周边社队的茶青，为福安茶厂的精制加工

生产原料。

各地实行茶业产销分开管理体制。福安县设城关、社口、上白石、溪柄、穆阳5个茶叶采购站，只管收购茶青（鲜茶叶），加工和销售的任务就交给国营茶厂；但是依然允许茶叶自由交易，允许茶商参与市场活动。

1954年后，福安开始关闭茶叶自由市场，全面取缔茶叶商贩。1955年起，国家对茶叶实行统购统销管理。1959年茶站增至11个，1970年全县茶叶收购站达到15个，覆盖全县各农村人民公社。

地方政府物价部门和茶叶业务主管部门出台"标准样价"，分等定价收购毛茶。贯彻执行"对样评茶，按质论价，好茶好价，次茶次价"的原则收购毛茶。毛茶收购后，按上级业务部门指定茶厂进行调拨验收。福安县指定的调拨茶厂有福安茶厂、赛岐茶厂及宁

1990年福安茶厂部分干部职工合影（资料）

德茶厂。1956 年以前，各茶叶收购站均为福安茶厂的派出机构，毛茶进厂验收后，各收购站直接向福安茶厂报账结算。1956 年以后做法有所改变，但是福安茶厂始终承担福安及周边各县（不含福鼎、宁德两县）的茶叶调拨加工和内外销售任务，直到 1984 年止。

发展生产

1953 年，"中茶公司"和福建省农林厅茶业改进处组织技术力量对"九一八"式揉茶机进行改良，定名为"五三"式揉茶机，并向各茶区推广。福安制茶开始由手工向机械全面过渡。国营坦洋初制厂进行动力改造试点，改进组装揉茶机、解块机、烘干机等制茶设备。

1956 年农业合作化运动后，私营茶园一律收归社队集体所有。这一年福安县农产品采购局成立，茶叶收购、调拨工作转归该局管理。福安专区在社口举行旧茶园改造现场会，带动周边各县改造旧茶园，提高单位产量，发展茶叶经济。

1958 年后，福安县先后在王家、坦洋和高坂创办国营茶场；此后福安农校、专区农科所（在溪柄，前身是民国时期的溪柄归田农场）、化蛟林场、蟾溪林场、湾坞农场等国营单位也办起附属茶场。1959 年，福安县在松罗、上白石、潭头、下白石、甘棠、康厝、溪尾等地创办首批社属茶场。

福安县的茶园面积成倍扩大，茶产量也大幅度增加。1950 年全县茶园面积 35500 亩（其中可采 35500 亩），毛茶产量 748.1 吨，产值 98.3 万元；到 1956 年全县茶园面积达 77900 亩（其中可采 52820 亩），毛茶产量 992.5 吨，产值增加到 138.2 万元（《福安市志》

王家茶场

坦洋茶场

甘棠北门茶场

p408，1999年）。这些茶产品主要是工夫红茶，精制后运销海外，主要是苏联和部分东欧国家。

1958年，国家批准福安专区为红茶出口基地。福安县成立茶业局，实行茶叶产销统一管理。

1959年，全国茶叶生产现场会议在福安召开，福安的茶叶生产受到各地与会代表的赞赏，进一步激起人们的"大跃进"热情。此后在发展新茶园的过程中，更加片面追求数量、忽视质量，盲目扩大销售计划，同时强调采摘粗老茶来加工红碎茶、老青茶，严重挫伤茶树生机。致使1962年茶产量跌到历史最低，茶叶收购量仅余373吨（《福安市志》p422，1999年）。

与此同时，中苏关系不断恶化，红茶出口受阻。为适应国内外市场需求的变化，坦洋工夫的产量不断缩减。

1969年，茶叶加工生产实行"红改绿"，红绿茶的主次地位发生变化。福安县以生产烘青绿茶作为提供窨制花茶原料，发展绿茶生产。

20 世纪 70 年代中期，坦洋茶场恢复红茶生产，全是外销的工夫茶，这些精制红茶在工艺方面继承了传统的坦洋工夫，又有所创新，茶叶品质保持传统风格，在国际市场上供不应求。

1997 年为适应新的形势，市属国营坦洋茶场、高坂茶场、王家茶场进行商业化改革，组建成国有农垦企业"福安市农垦茶业有限公司"。

体制改革

1984 年 6 月，我国开始实施茶叶流通体制改革，允许国营、集体、个体茶叶经营者直接参与市场交易，茶叶产销由计划经济时代步入市场经济时代。

茶叶流通体制改革激发了福安人的聪明才智，激励了福安人勤劳耐苦、敢拼能赢的性格特点。福安人在历史的基础上，齐心协力把茶业做到应有的高度。

福安人改变了自 1950 年代以来以单一茶类为主的传统，可以根据市场的需求，自

福建福安坦洋工夫茶叶有限公司是福安首批民营茶叶企业之一

151

由地向多茶类发展，从而形成比较齐全的茶类格局。这一时段主要生产烘青绿茶、茉莉花茶、红茶，以及少量白茶、乌龙茶，而且加工机械化程度达90%以上。国营坦洋茶场1985—1990年共生产"坦洋工夫"红茶835吨。国营王家茶场1999年引进台湾乌龙茶加工工艺，开发闽东乌龙茶与红乌龙茶产品，年加工40多吨，产品销往我国台湾以及东南亚地区。

福安的茶叶种植进一步专业化、产量进一步提高。1986年，福安有各类茶场（包括专业队）226个（其中国营9个），共拥有茶园总面积4.06万亩，占全县茶园总面积的41.3%；茶叶年总产量1085吨，占全县茶叶总产量的48.8%。是年福安县被福建省政府列为全省花茶生产示范县之一。1987年全县茶园总面积10.24万亩，茶叶总产量2366.3吨，其中工夫红茶107.25吨，绿茶2242.4吨，均创历史新高。

茶树的优良品种进一步丰富，为福安的茶叶加工提供了丰富的适制原料资源。1987年全国茶树良种审定会议通过福云6号、福云7号、福云10号为第二批国家级良种。1997年福建省茶科所的黄观音、丹桂、春兰分别获得中国茶叶学会第二届"中茶杯"名优茶评比特等奖、一等奖和二等奖。2002年，省茶科所研育的黄观音、金观音（茗科1号）、悦茗香、黄奇4个茶树新品种通过国家审定，为"国优"良种。

为了进一步促进茶业的发展，福安市加强茶叶社会系列化服务管理。1993年被国家商业部列为全国茶叶社会系列化服务示范县市之一。1999年，福安市正式成立茶叶质量检测中心，加强茶叶质量安全管理。2002年，福安市被福建省技术监督局评为省绿茶产业化标准化示范市。为了鼓励和激发各茶企做好茶、创品牌的热情，福安市除积极组织参加省内外的茶叶大赛外，也经常性地举办本地区的"斗茶"活动。2002年9月，在首届中国（福建）国际茶博会凯捷杯茶王赛上，福安市有两款赛品获"茶王"称号。2005年7月，福安市举办首届坦洋工夫杯斗茶展示会，激发了福安茶人做好茶、树品牌的豪情。

民营企业成为新的茶产业大军，这些茶企业基本上采用茶园基地、生产公司、销售网络三者合一的模式开展经营活动。许多茶商走出白马门到外地办公司。至1990年，福安人先后在全国各地开设茶庄180多家，从业480多人，年外销花茶和名优茶2500—3000吨。其中福安大不同茶叶有限公司在上海虹桥商务区兴建的"上海大不同天山茶城"，被

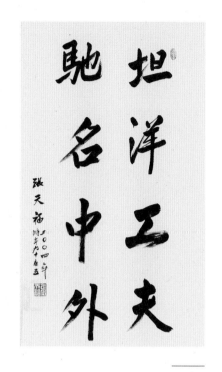

"坦洋工夫，驰名中外"

张天福和吴振铎在省茶科所（丁立凡摄）

中国茶叶流通协会认定为"国家茶叶专业批发市场"。

福安的茶文化和学术交流活动比以往任何时期都要活跃。

1988年6月，被誉为"战后台茶之父"的台湾茶叶专家吴振铎（福安人，与夫人蔡彩燕同为上世纪30年代福建省立福安农职校的首届毕业生）伉俪回乡探亲、考察。这是海峡两岸茶人在相隔近40年之后首次在祖国大陆相聚，从此拉开了两岸茶人恢复交流的序幕。

1989年11月，福建省首届茶叶青年学术论文研讨会在省茶科所举行。1990年5月，为纪念中国茶文化传入日本800周年，日本官方组成以松下智为团长的"茶航路"访问团参访福安、福鼎、霞浦等县市。1991年10月，福建省茶科所举行闽台茶叶学术座谈会，台湾茶学专家多人与会。1995年11月，日本长崎县农业访华团一行4人到福安市前往省茶科所参访。

1991年和1992年，福安连续举办两届"中国闽东福安茶文化交流会"，数百名来自日本、新加坡、美国以及中国港澳台地区的茶界友人相聚韩城，参与茶文化交流活动。

———
1991年第一届中
国闽东福安茶文化
交流会（福安市茶
业协会提供）

1992 年 12 月，福安市民族茶文化艺术团成立。该团是闽东的第一支茶艺表演队，也是福建省最早成立的茶艺表演团队之一，成立以来为展示福安（闽东）茶文化、扩大福安（闽东）茶文化的对外影响作出贡献。该茶艺团曾多次赴京、沪、港、澳、穗、厦、榕、武夷山等地表演、交流，多次参加高端专业表演赛会并获高奖。2009 年国庆节在北京钓鱼台国宾馆举行的驻华使节茶会暨第四届"人文中国·茶香世界"中华茶文化宣传活动上，该团的"坦洋工夫茶冲泡"和"畲家宝塔茶"表演，受到各国外交官及中外茶人的称赞。

经过 15 年的艰苦努力，到 2000 年福安市茶园面积稳定在 30 万亩，茶叶年产量 2.7 万吨、年出口量 4000 多吨，是中国第二大茶叶主产县市和福建省红茶、绿茶、花茶主产区，是全国第一批创建无公害茶叶生产示范基地市、全国第一个著名的茶树种质资源库、全国最大的茶树良种繁育基地和全国绿色食品原料标准化生产基地市。

2001 年 8 月，福安市获国家林业局授予的"中国茶叶之乡"称

法国客商在福安红茶生产基地考察（福建隽永天香茶业提供）

号。是年 9 月，福安市茶业协会成立。

福安市茶业协会有团体会员 200 多家、会员 1000 多名，遍布全国各地。业务主管部门为福安市科学技术协会。业务范围包括：参与福安市茶业发展调研，对茶业政策提出建议并协助贯彻执行，加强茶叶质量安全管理，普及科学知识，反映会员和茶叶企业的意见，提供市场经济、技术等信息服务，组织和参与国内外茶叶展销会，"坦洋工夫"证明商标的注册和标志使用监督等。2010 年 10 月，福安市茶业协会被中国科协、财政部评为"全国科普惠农兴村先进单位"。

2014 年，福安市农垦茶业有限公司更名为"福建农垦茶业有限公司"，在全省率先进行深化农垦改革试点，2016 年被农业部列入组建的专业化农业产业公司农垦专项改革试点。整合农垦茶业资源，采取统一标准、统一品牌、统一销售的经营方式，以坦洋、高坂、王家 3 个茶场为原料车间，负责茶叶基地建设；公司负责产品销售、品牌打造，以及技术和融资服务；进一步整合全市农业资源，促进垦区集团化，组建"福安市农垦集团"，建设共享茶园 8000 亩、共享茶叶加工园区占地 160 亩。

（二）建设红都

华丽转身

20 世纪 50 年代以后，中国大陆实行茶叶统购统销，各地茶行茶庄一律关闭，坦洋村建起茶叶初制厂，为福安茶厂生产红毛茶。此后直到 1984 年茶叶流通体制改革，坦洋这个昔日的闽海茶都受尽了冷落，主要只是为国营福安茶厂生产原料毛茶。

但是福安乡亲没有忘记坦洋工夫，党和政府更没有忘记这个静卧于白云山麓蓄势待发的历史名村。

1984 年茶叶流通体制改革以后，坦洋村的茶业进入大发展时期。

1988—1990 年，时任宁德地委书记的习近平前后 4 次到坦洋村考察和指导工作。在习近平书记的推动下，宁德地委十分重视农村和农业资源的综合开发，提出"闽东学'三洋'"，即福安社口镇的坦洋村、福鼎叠石乡的竹洋村、古田鹤塘镇的西洋村，要求坦洋要当"领头羊"。

1990 年 5 月 4 日，习近平即将告别闽东赴任福州，他第四次来到坦洋村看望乡亲。他说，"青山不老，绿水长流，喝过坦洋工夫茶，人走情常在。"表达了对这个历史文化名村的深厚感情和殷切期望。

二十多年过去，坦洋村发生了巨大的变化，实现了华丽转身。如今的坦洋村，目光所及的山头，几乎都种上了茶树，茶叶是坦洋村的主要经济来源。2017年，坦洋全村有"坦洋工夫"红茶生产单位35家，从事销售的有18家，依靠发展茶业摆脱贫困，走上小康之路，人均纯收入近2万元，比宁德市农民人均纯收入多出5200多元。

坦洋村的乡亲还自觉加强了对坦洋工夫茶文化的传承和老字号茶行文物的挖掘、保护，把坦洋打造成美丽乡村示范村，在福安市的"红茶之都"建设中发挥着应有的独特作用。

在福安市委、市政府和有关部门的支持下，2012年坦洋村全面启动"坦洋工夫红茶文化产业园"建设，坦洋的旧街区成为"坦洋工夫历史文化展示区"。在保持基本村貌的同时，对街路、河道和基础配套设施进行整治和优化；在村里保存最完整的"丰泰隆"茶行旧址建立"坦洋工夫历史文化展示馆"；在坦洋村口建起高大的门楼，周边配建表现农耕文化和红茶生产的水车、情景雕塑等。

今日坦洋这个历史文化名村和生态文化村已经成为闽东茶文化休闲旅游的重要目的地，是红茶文化旅游的必走线路；坦洋工夫红茶文化产业园也成为"全国休闲农业与乡村旅游示范点"。

重起红风

进入21世纪以后，福安人民开始新一轮创业。

2003年，福安市开始重新振兴坦洋工夫红茶品牌的历史征程。这一年"福安市坦洋工夫茶业有限公司"成立。

此后福安市采取一系列措施，通过坦洋工夫品牌建设、科技兴茶、结构调整三大战略重振茶产业，走出一条产业振兴之路，使茶叶这一传统产业成为地方经济发展新的增长点。茶业经济成为福安市重要的支柱产业之一。

福安市开始实施"五个一工程",即建设一个海峡大茶都,建设一个茶业加工园区,每年发展一万亩新优良种茶园,每年举行一次大型茶事活动,打造一个坦洋工夫品牌,加速茶产业的发展。

"坦洋工夫"证明商标(福安市茶业协会提供)

中国申奥第一茶(丁立凡 摄)

2006 年 1 月，省质量技术监督局批准公布《坦洋工夫红茶综合标准》。10 月，由中华名人工委、中华名人协会与福安市联合举办的"中华名人共建海峡西岸的和谐福安暨'坦洋工夫'茶系列活动"在北京人民大会堂揭幕。欧亚多国驻华使节和首都文艺界名人共百余人参加了活动。市茶业协会组织福安茶企参加在北京人民大会堂举办的"人文中国·茶香世界"大型茶事活动，坦洋工夫茶获红茶类的金银奖项。12 月，"坦洋工夫"通过专家审查会审查，获"中华人民共和国地理标志保护产品"称号。

2007—2008 年，坦洋工夫被评为福建省十大名茶，国家质量检查总局批准对"坦洋工夫"实施国家地理标志产品保护。福安市人民政府公布《坦洋工夫地理标志产品专用标志使用管理办法（试行）》。坦洋工夫红茶被确定为"中国申奥第一茶"。"坦洋工夫"证明商标注册成功。

2009 年，"坦洋工夫"被省工商行政管理局认定为"福建省著名商标"。俄罗斯红茶采购团米德利一行访问坦洋村，并与坦洋工

俄罗斯客商再
续坦洋工夫缘
（资料图片）

夫生产企业签订了 60 万美元的订单。这是 40 年来坦洋工夫茶重返俄罗斯市场的第一笔较大批量的订单。红茶出口大国斯里兰卡茶叶考察团团长费尔南多博士来福安考察坦洋工夫茶。

2009 年 8 月 13 日至 15 日，在首届香港国际茶展上，"坦洋工夫"被评为"我最喜爱的红茶"。11 月 16 日至 18 日，第三届海峡两岸茶业博览会在宁德市举行，福安是茶博会分会场之一。"坦洋工夫"在宁德（蕉城）和福安两地刮起一阵红色飓风，让各地茶商茶友和过往宾客真切地感受到红茶文化的魅力。

2010 年 1 月，"坦洋工夫"经国家工商行政管理总局认定为"中国驰名商标"。"坦洋工夫"正式成为中国红茶的一张名片，活跃

福安市首届坦洋工夫制茶能手大赛开幕式（福安市茶业局提供）

在国际茶叶市场。为了确保商标的"含金量"，福安市对"坦洋工夫"证明商标实行注册生产，迄今全市授权生产"坦洋工夫"的企业有百余家。

2011年，全市茶园面积保持30万亩，毛茶产量2.75万吨，产值14.18亿元，茶叶商品总值34亿元；涉茶人口42万人，约占总人口的67%；茶园面积1万亩以上的乡镇12个，产量1000吨以上的乡镇12个。

福安市成为全国十大重点产茶县之一、中国茶叶之乡、国家级茶叶标准化示范县、全国无公害茶叶示范基地市、全国绿色食品（茶叶）原料标准化生产基地市。茶产业和电机电器制造、船舶修造等一起成为福安市的主导产业之一。

红茶之都

2012年，福安市为全面提升茶产业的综合竞争力和可持续发展能力，制订《福安市现代茶产业发展五年规划（2012—2016）》。

——
坦洋工夫在香港国际茶展上（福建隽永天香茶业提供）

2018 年全国红茶高峰论坛暨全国茶叶标准化技术委员会红茶工作组二届一次
会议会场（福安市茶业局提供）

坦洋工夫红茶庄园（福建新坦洋集团提供）

该规划按"稳面积、优结构、提质量、树品牌、增效益"的总体要求，提出近期发展目标：建立全国最大的茶树良种繁育基地；全市茶园实现茶树良种化、茶园生态化、栽培标准化；生产加工基本实现连续化、自动化、清洁化；龙头企业不断壮大，辐射带动明显增强；"坦洋工夫"品牌进一步提升，开辟2—3条茶文化休闲旅游线路；茶产业配套服务设施逐步完善，力争成为中国红茶集散地。是年福安全市茶叶商品总值34.8亿元，其中红茶产量8000吨，产值逾10亿元。

2013年7月18日，全国茶叶标准化技术委员会红茶工作组在福安成立。该红茶工作组承担制订和修订红茶国家标准的重任。这标志着中国红茶标准化工作提速，将助推中国红茶进一步拓展市场、走向世界。

坦洋工夫加盟米兰世博会中国馆全球合作伙伴（福安市茶业局提供）

坦洋工夫在米兰世博会上（福安市茶业局提供）

　　2015 年 5 月 1 日至 10 月 31 日，第 42 届世界博览会在意大利米兰市举行，被称为"意大利 2015 年米兰世界博览会"（EXPO 2015）。是年 7 月，"坦洋工夫"成为米兰世博会中国馆"全球合作伙伴"和"指定用茶"。坦洋工夫经过一个世纪的期待，终于正装重返世博会，向世界展示中国红茶的风采。福安市被意大利米兰世博会中国馆组委会授予"积极贡献奖"。

　　这一年，福安市再次获评"全国十大重点产茶县"，"坦洋工夫"被列入 2015 年度全国名特优新农产品目录，并获"中国名茶百年荣耀金品牌奖"，福安市在"闽茶中国行'一带一路'建设"活动中被评为"闽茶优秀茶产区"。

　　2016 年，福安初步实现《福安市现代茶产业发展五年规划（2012—2016）》提出的近期发展目标。在中国茶叶区域公用品牌价值评估中，坦洋工夫品牌评估价值为 24.38 亿元人民币，并获"最具品牌带动力的三大品牌"，入选 2016 中国茶叶区域公用品牌价值十强。福安市还组团参加闽茶中国行（宁夏站）"丝路茶企·闽宁相携"活动、第四届中国茶叶博览会、2016 中国（广州）国际茶业博览会。

全市有 17 家茶企被评为省级重点龙头企业。福建坦洋工夫集团股份有限公司、福建新坦洋集团股份有限公司、平月茶业（福建）有限公司、福建福安市城湖茶业有限公司、福建省天荣茶业有限公司、福建省兴旺茶业有限公司、福建省千氏茗茶业有限公司、福建省同泰春茶业有限公司、福安市林芝茶业有限公司、福安市金福龙茶业有限公司等 10 家茶叶企业被授予"福建省参与 2015 意大利米兰世博会品牌企业"称号。全市共有城湖、天香、满园春、世纪源、坦洋集团、艾绿等 6 家茶企拥有自营出口权。国家供销社总社在福安市成立首家茶叶生产基地。

同时，位于福安城区北部的"富春茶城"投入建设。该项目集茶叶批零，居住，办公，购物等功能为一体，总投资 6.8 亿元，建成后将成为福安红茶新的集散中心。

2017 年，全国茶叶绿色生产模式及配套技术培训会议和全国"十三五"茶科技与产业发展战略学术研讨会相继在福安市举行。"坦洋工夫"获"中国名茶百年荣耀金品牌奖""2017 年中国茶叶区域公用品牌价值十强"。这一年福安市继续重点引导多家茶叶企业开展质量追溯体系建设，逐步实现主要茶叶产品"生产可记录、信息可查询、流向可追踪、质量可追溯"的"从茶园到茶桌"的全程质量监管体系。"坦洋工夫"独家冠名央视戏曲频道《梨园闯关

坦洋工夫独家冠名央视戏曲频道《梨园闯关我挂帅》（福安市茶业局提供）

我挂帅》栏目，使福安红茶产品及品牌更广泛地获得消费者的认知和肯定。另外，还举办 2017 中国坦洋工夫茶文化节暨"张天福"杯福安市第十二届坦洋工夫斗茶展示会。是年全市毛茶产量 2.8 万吨，其中红茶产量 0.82 万吨，约占 30%。

全市有出口茶叶备案基地 24878 亩，建立示范茶园基地 4400 亩，拥有自营出口权茶企 7 家，获得"国际可持续农场认证——雨林认证"的企业 1 家、ISO 认证企业 4 家；出口茶叶 572 吨，产值 1790 万美元。

2017 年 5 月 25 日，中国坦洋工夫茶文化节暨福安市第十二届坦洋工夫斗茶展示会在坦洋村隆重开幕。来自全国各地的茶商、茶业专家、茶企代表齐聚福安，以茶会友，共话茶事；央视戏曲频道《坦洋坦洋》摄制组举行开拍仪式。

2018年3月29日，中国茶叶流通协会根据《"中国茶乡"认定管理办法》的有关规定，命名福安市为"中国红茶之都"。12月，全国红茶高峰论坛暨全国茶叶标准化技术委员会红茶工作组二届一次会议在福安举行，会上举行了"中国红茶之都"授牌仪式。

2018年12月全国红茶高峰论坛在红茶之都福安举行（福安市茶业局提供）

坦洋工夫是福安人的骄傲。和所有的福安乡亲一样，笔者对她也是满怀深情。

笔者 2009 年退休后，开始对坦洋工夫茶史进行独立研究。为了不被虚假信息"绑架"，首先要做到的是远离伪俗，排除习惯说法的干扰。笔者多方搜寻资料，并进行认真的辨析，同时对一些"成说"的疑窦展开甄别性的调查；力图通过充分而可靠的文史资料，对坦洋工夫茶史（福安茶史）进行再认识，以期尽可能接近事实的真相。

在这个基础上，从 2010 年到 2015 年，笔者在公开出版的学术期刊和专业书籍上先后发表了多篇专文，主要有《闽东茶业的历史变迁和现代振兴》《赛岐与闽东海上茶叶之路》《早年坦洋茶商家族的百年沧桑》《中华名茶坦洋工夫的早期历史》《坦洋村若干话题的历史叙事》《民国时期福安的茶业经济》等。这些文章从不同的侧面比较清晰地描述了福安（闽东）的近代茶史，尤其是坦洋工夫的历史，纠正了一些误说，填补了一些空白，得到有关部门、茶界和地方人士的认可。

2017 年 5 月，福建科学技术出版社编辑部一行来到福安组稿，传递福建省人民政府新闻办公室编写"八闽茶韵"丛书的信息，希望福安市完成丛书之一《坦洋工夫》的编写任务。福安市茶业部门就

后记

将这一任务落实给笔者。

由于有了前面所说的茶史研究基础，所以完成《坦洋工夫》的写作任务并不很困难。根据出版社"图文并茂"的要求，笔者除了提取自产的一些"库存"图片外，还需要进一步充实。这方面工作得到福安市茶业局、市茶业协会，以及部分茶叶企业和摄影爱好者的大力支持。书中对所有非作者自产图片的来路均有标注。书稿初定后，笔者请求福安市茶业局和茶业协会进行审读，同时征询一些地方人士的意见，尽量避免差错。对以上各单位和个人的倾情帮助，笔者在此深表谢忱。

《坦洋工夫》即将付梓，笔者感谢对本书的写作和出版有过帮助的所有朋友，感谢在写书之前的"独立研究"时段给笔者鼓励和提供帮助的所有朋友。

由于主客观因素的制约，书中失当之处在所难免。敬请读者诸君不吝指正。

李健民

写于 2018 年 9 月 1 日